玩转航拍
空中摄影与摄像宝典

张齐效 陈玘珧 著

人民邮电出版社

北 京

图书在版编目（ＣＩＰ）数据

玩转航拍：空中摄影与摄像宝典 / 张齐效，陈玘珧
著. -- 北京：人民邮电出版社，2023.10
ISBN 978-7-115-62040-8

Ⅰ. ①玩… Ⅱ. ①张… ②陈… Ⅲ. ①无人驾驶飞机
—航空摄影 Ⅳ. ①TB869

中国国家版本馆CIP数据核字(2023)第121176号

内 容 提 要

本书从航拍的定义、发展史及常见用途等基础知识讲起，后续详细介绍了无人机起飞前需要了解的法律法规和安全常识，继而讲解了航拍设备选择、无人机系统及配件的相关知识、无人机的基本操作技法、无人机的参数设置和模式选择、航拍前的规划须知、航拍运镜的操作技巧、航拍景别与光线及构图的应用技巧、城市风光与自然风光的实拍技巧等内容。本书在最后还分享了航拍视频后期剪辑的技巧，具体包括使用 DJI Fly App、剪映 App，以及 Adobe Premiere Pro 软件进行视频剪辑与制作的技巧。

本书内容丰富、系统全面，适合刚接触无人机航拍的初学者、喜爱航拍的无人机用户参考阅读，也可作为相关影像制作培训机构的学习教材。

◆ 著　　　张齐效　陈玘珧
　　责任编辑　胡　岩
　　责任印制　陈　犇

◆ 人民邮电出版社出版发行　　北京市丰台区成寿寺路 11 号
　　邮编 100164　电子邮件 315@ptpress.com.cn
　　网址 https://www.ptpress.com.cn
　　中国电影出版社印刷厂印刷

◆ 开本：690×970　1/16
　　印张：17　　　　　　　　　　　　2023 年 10 月第 1 版
　　字数：296 千字　　　　　　　　　2023 年 10 月北京第 1 次印刷

定价：108.00 元

读者服务热线：(010)81055296　印装质量热线：(010)81055316
反盗版热线：(010)81055315
广告经营许可证：京东市监广登字 20170147 号

前言
PREFACE

在相机未被发明的年代，人们往往通过绘画的方式来记录看到的景象，试图将浩瀚无垠的星空、壮美秀丽的河流、高耸入云的山峰和灯火辉煌的城市留存在心间。随着相机的问世，人们的生活方式也发生了改变，越来越多的人习惯用相机去记录美丽风景和美好事物。但在相机刚发明的时候，受限于其结构复杂、数量稀少、价格高昂等原因，真正拥有相机的人其实少之又少，摄影师这个职业也应运而生，他们为人们提供专业的拍摄服务，同时向人们展示大量优秀的摄影作品。随着人们对拍摄的需求日益增加，相机的更新迭代也在不断加快，其功能更加丰富，画质有了明显的提升，价格也变低，人们开始购买属于自己的相机。

近些年来，一种"可以飞行的相机"逐渐走入人们的视野，它就是航拍无人机。航拍无人机组合了飞机和相机的功能，突破了传统相机只能在地面拍摄的局限性，它可以从空中拍摄照片和视频，帮助人们俯瞰世界。无人机的出现在摄影领域有着划时代的重要意义。更重要的是，每个人都有机会操控无人机，以一种全新的视角认识和感受这个美丽的世界，并将眼中的世界用这种特殊的拍摄方式记录下来。

早在 19 世纪，就有摄影师乘坐热气球升空并使用相机拍摄空中视角的照片，这也是人类最早的航拍方式。在 20 世纪后期，随着飞机的发明和应用，许多摄影师开始搭乘直升机航拍。进入 21 世纪，无人机产业得以快速发展，终于有人将折叠式无人机和高清摄像头组合在一起，至此我们熟悉的航拍无人机诞生了。

话说回来，我也是航拍无人机的粉丝之一。我使用的第一台航拍无人机是大疆 Phantom 2，我还记得刚拿到新设备的我，对这种新奇的航拍产品爱不释手。我对无人机的浓厚兴趣驱使我疯狂汲取无人机的专业知识，并且不断练习航拍技术，并义无反顾地加入无人机航拍行业中。从懵懂的新手一步步晋升为培训教员再到项目经理，丰富的现场飞行经验和完成行业项目的经历让我对航拍有了更深层次的理解和感悟。

无人机需要使用遥控器进行远程操控，这对于没有接触过无人机的新手来说无疑是一项不小的挑战。我初入无人机航拍行业时，相关的教程和书籍十分有限，多数时候只能自己摸索，最好的导师便是实践，我在实践中积累了丰富的技能和经验。为了让更多人受益，我将这些年总结的个人经验和技能技巧进行了详细的梳理，并将其编写成书，供各位航拍爱好者和想要进入航拍领域的"小白"学习参考。

本书共分为 10 章，全方位、由浅入深地讲解了关于航拍的知识点。哪怕你是新手，阅读完本书后也能够快速掌握航拍无人机的飞行安全知识、飞行技巧、拍摄技法和技术难点。相信用不了多久，你就能轻松玩转无人机航拍，拍摄出优秀的作品。

目录
CONTENTS

第 1 章　走进航拍的世界 011

1.1　航拍的定义 012

1.2　航拍发展史 012

1.3　航拍的常见用途 014

　　1.3.1　广告宣传 014

　　1.3.2　影视制作 016

　　1.3.3　赛事直播 017

　　1.3.4　测量勘察 018

1.4　航拍设备类别 019

　　1.4.1　多旋翼无人机 019

　　1.4.2　单旋翼无人机 020

　　1.4.3　固定翼无人机 020

　　1.4.4　穿越机 020

　　1.4.5　其他 021

第 2 章　飞前需要了解的事项 022

2.1　合法飞行、远离 "黑飞" 023

2.2　不同飞行执照的意义和作用 028

　　2.2.1　无人机云执照 029

　　2.2.2　UTC 证书 033

　　2.2.3　ASFC 证书 034

2.3 限飞区 034

　2.3.1 禁飞区 034

　2.3.2 限高区 036

　2.3.3 查询禁飞区和限高区 036

　2.3.4 无人机遇到限飞区时的反应 037

第 3 章　选择专属你的航拍设备 039

3.1 无人机的类型与用途 040

　3.1.1 多旋翼无人机 040

　3.1.2 单旋翼无人机 041

　3.1.3 固定翼无人机 042

　3.1.4 穿越机 043

3.2 航拍无人机的品牌 046

　3.2.1 大疆 046

　3.2.2 道通 048

　3.2.3 美嘉欣 049

　3.2.4 Parrot（派诺特） 050

3.3 选购无人机的参考因素 052

　3.3.1 价格 053

　3.3.2 续航时间 053

　3.3.3 图数传距离 054

　3.3.4 照片质量 054

　3.3.5 视频质量 054

　3.3.6 携带方式 055

3.4 航拍无人机推荐 055

　3.4.1 入门级无人机 055

　3.4.2 进阶级无人机 056

　3.4.3 专业级无人机 060

第 4 章　无人机系统、配件与基本操作 062

4.1 设备开箱与配件清点 063

4.2 阅读说明书 065

4.3 无人机的部件 067

4.4 下载 App、激活无人机与升级固件 071

4.5 App 界面功能分布 078

 4.5.1 安全菜单 083

 4.5.2 操控菜单 086

 4.5.3 拍摄菜单 089

 4.5.4 图传菜单 091

 4.5.5 关于菜单 091

4.6 学会使用遥控器 092

 4.6.1 带屏遥控器 093

 4.6.2 普通遥控器 094

 4.6.3 摇杆控制方式 095

4.7 模拟飞行 097

 4.7.1 初阶飞行 098

 4.7.2 进阶飞行 103

第 5 章　无人机的参数设置和模式选择 114

5.1 快门 115

5.2 光圈 118

5.3 ISO（感光度）...119

5.4 白平衡 120

5.5 辅助功能 123

 5.5.1 直方图 123

 5.5.2 过曝提示 125

 5.5.3 辅助线 126

5.6 照片和视频的设置 128

 5.6.1 设置照片尺寸与格式 128

 5.6.2 设置视频色彩、格式与码率 130

5.7 拍照模式的选择 131

 5.7.1 单拍模式 132

 5.7.2 探索模式 132

 5.7.3 AEB 连拍模式 133

 5.7.4 连拍模式 133

 5.7.5 定时模式 134

5.8　录像模式的选择 134

5.9　大师镜头 135

5.10　一键短片 136

　　5.10.1　渐远模式 136

　　5.10.2　冲天模式 137

　　5.10.3　环绕模式 138

　　5.10.4　螺旋模式 139

第 6 章　航拍前的规划须知 140

6.1　出发前的准备工作 141

6.2　现场环境安全检查 145

6.3　选择正确的起降点 149

6.4　安排合适的飞行路径 150

6.5　特殊场景注意事项 150

　　6.5.1　雨天 150

　　6.5.2　风天 152

　　6.5.3　雪天 153

　　6.5.4　雾天 154

　　6.5.5　穿云 156

　　6.5.6　高温或低温天气 157

　　6.5.7　深夜 157

第 7 章　航拍运镜的操作技巧 159

7.1　固定镜头 160

7.2　前进镜头 161

7.3　后退镜头 162

7.4　平移镜头 165

7.5　俯仰镜头 166

7.6　拉升镜头 168

7.7　下降镜头 169

7.8　前景镜头 171

7.9　环绕镜头 172

7.10　追踪镜头 173

7.11　组合镜头 ⋯⋯⋯⋯⋯⋯⋯⋯⋯⋯⋯⋯⋯⋯⋯⋯⋯176

第 8 章　景别、光线与构图的应用 ⋯⋯⋯⋯⋯⋯⋯⋯177

8.1　景别的分类 ⋯⋯⋯⋯⋯⋯⋯⋯⋯⋯⋯⋯⋯⋯⋯⋯178

8.1.1　远景 ⋯⋯⋯⋯⋯⋯⋯⋯⋯⋯⋯⋯⋯⋯⋯178

8.1.2　全景 ⋯⋯⋯⋯⋯⋯⋯⋯⋯⋯⋯⋯⋯⋯⋯179

8.1.3　中景 ⋯⋯⋯⋯⋯⋯⋯⋯⋯⋯⋯⋯⋯⋯⋯180

8.1.4　近景 ⋯⋯⋯⋯⋯⋯⋯⋯⋯⋯⋯⋯⋯⋯⋯181

8.2　光的运用 ⋯⋯⋯⋯⋯⋯⋯⋯⋯⋯⋯⋯⋯⋯⋯⋯181

8.2.1　顺光 ⋯⋯⋯⋯⋯⋯⋯⋯⋯⋯⋯⋯⋯⋯⋯182

8.2.2　逆光 ⋯⋯⋯⋯⋯⋯⋯⋯⋯⋯⋯⋯⋯⋯⋯182

8.2.3　侧光 ⋯⋯⋯⋯⋯⋯⋯⋯⋯⋯⋯⋯⋯⋯⋯183

8.2.4　顶光 ⋯⋯⋯⋯⋯⋯⋯⋯⋯⋯⋯⋯⋯⋯⋯183

8.2.5　底光 ⋯⋯⋯⋯⋯⋯⋯⋯⋯⋯⋯⋯⋯⋯⋯184

8.3　航拍构图方法 ⋯⋯⋯⋯⋯⋯⋯⋯⋯⋯⋯⋯⋯⋯184

8.3.1　主体构图 ⋯⋯⋯⋯⋯⋯⋯⋯⋯⋯⋯⋯⋯185

8.3.2　前景构图 ⋯⋯⋯⋯⋯⋯⋯⋯⋯⋯⋯⋯⋯186

8.3.3　对称构图 ⋯⋯⋯⋯⋯⋯⋯⋯⋯⋯⋯⋯⋯188

8.3.4　黄金分割构图 ⋯⋯⋯⋯⋯⋯⋯⋯⋯⋯⋯189

8.3.5　三分线构图 ⋯⋯⋯⋯⋯⋯⋯⋯⋯⋯⋯⋯190

8.3.6　对角线构图 ⋯⋯⋯⋯⋯⋯⋯⋯⋯⋯⋯⋯191

8.3.7　向心式构图 ⋯⋯⋯⋯⋯⋯⋯⋯⋯⋯⋯⋯194

8.3.8　曲线构图 ⋯⋯⋯⋯⋯⋯⋯⋯⋯⋯⋯⋯⋯194

8.3.9　几何构图 ⋯⋯⋯⋯⋯⋯⋯⋯⋯⋯⋯⋯⋯195

8.3.10　重复构图 ⋯⋯⋯⋯⋯⋯⋯⋯⋯⋯⋯⋯⋯196

8.4　选择合适的航拍视角 ⋯⋯⋯⋯⋯⋯⋯⋯⋯⋯⋯198

第 9 章　城市风光与自然风光实拍 ⋯⋯⋯⋯⋯⋯⋯⋯202

9.1　城市风光 ⋯⋯⋯⋯⋯⋯⋯⋯⋯⋯⋯⋯⋯⋯⋯⋯203

9.1.1　地标建筑 ⋯⋯⋯⋯⋯⋯⋯⋯⋯⋯⋯⋯⋯203

9.1.2　建筑群体 ⋯⋯⋯⋯⋯⋯⋯⋯⋯⋯⋯⋯⋯205

9.1.3　体育场馆 ⋯⋯⋯⋯⋯⋯⋯⋯⋯⋯⋯⋯⋯207

9.1.4　公共交通 ⋯⋯⋯⋯⋯⋯⋯⋯⋯⋯⋯⋯⋯208

9.1.5 反差对比 212

9.1.6 特定天气 213

9.1.7 特殊图形 214

9.2 自然风光 216

9.2.1 日出日落 216

9.2.2 沙滩海滨 217

9.2.3 山脉瀑布 220

9.2.4 田野草场 222

9.2.5 村落房屋 223

第 10 章 航拍视频后期剪辑实战 225

10.1 DJI Fly 226

10.1.1 DJI Fly 的模板编辑功能 230

10.1.2 DJI Fly 的高级编辑功能 239

10.2 剪映 248

10.2.1 导入视频 248

10.2.2 去除视频背景音 249

10.2.3 分割视频和变速 249

10.2.4 添加滤镜 251

10.2.5 调节色彩与影调 252

10.2.6 添加字幕 253

10.2.7 增加转场 254

10.2.8 添加背景音乐 254

10.2.9 一键导出视频 256

10.3 Adobe Premiere Pro 257

10.3.1 导入素材 257

10.3.2 熟悉编辑界面功能 260

10.3.3 去除视频背景音 261

10.3.4 剪辑视频 262

10.3.5 调节画面色彩和色调 263

10.3.6 添加字幕 267

10.3.7 添加背景音乐 269

10.3.8 输出与渲染视频 271

第1章
走进航拍的世界

　　航拍作为一种高空俯视拍摄的技巧，凭借其新颖的视觉效果和叙事表达方式在电影、新闻、纪录片等领域得到了广泛的运用。因为航拍图能够清晰地表现地理形态，航拍能够获得在地面拍摄时无法捕捉的美丽景象。

　　在专业影视范畴内，随着影视审美标准的多元化以及观众对影视拍摄手法的要求越来越高，运用非常规视角拍摄的航拍技术已经逐渐进入我们的视野。以航拍方式拍摄的纪录片也越来越多，如《鸟瞰中国》《航拍中国》《飞越山西》等。另外，近年来航拍也得到了众多摄影爱好者的喜爱，由于无人机的普及，有不少业余玩家进行航拍活动，极大地丰富了摄影的种类，弥补了之前无法从空中视角拍摄的缺憾。除了作为摄影艺术的一环之外，航拍也被运用于交通建设、水利工程、生态研究、城市规划等方面。

　　为了探寻航拍在专业领域和实际生活中的作用，本章回顾了航拍的历史，介绍了其现状，从而为我们走近航拍打下坚实的基础。

1.1 航拍的定义

航拍又称空拍、空中摄影或航空摄影，是指借助飞行器从空中拍摄地球地貌，获得俯视图。航拍获得的俯视图即为空照图。由于航拍视点与普通地面拍摄视点的差异极大，所以航拍能够给观者带来不同凡响的视觉感受。

航拍所用的平台包括飞机、直升机、无人机、航空模型（航模）、火箭、热气球、风筝、降落伞等。用以航拍的摄像机可以由摄影师直接控制，也可以自动拍摄或远程控制。由于航拍设备在飞行过程中可能会产生晃动，为了让航拍照片或视频更加清晰，很多航拍设备会搭载稳定器。

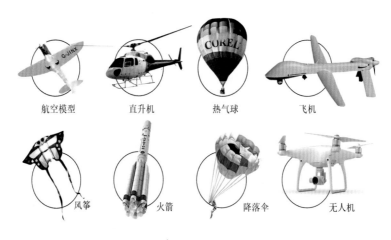

航空模型　　　　直升机　　　　热气球　　　　飞机

风筝　　　　火箭　　　　降落伞　　　　无人机

常见的航拍平台

1.2 航拍发展史

航拍的发展历史不过短短百年，由于它受制于搭载的航拍平台，因此它与航空发展史也有着密切的联系。

自古以来，人们就对空中飞行充满了向往，渴望像鸟儿般自由自在地翱翔，用另一种全新的视角俯瞰大地。在古代时期，中国人相继发明了竹蜻蜓、风筝、天灯等可以飞入空中的人造物。古希腊物理学家阿尔希塔斯制作出会飞的机械鸽。

进入文艺复兴时期后，欧洲的学者们开始尝试载人航空器的设计。到了 18 世纪末期，工业革命给自然科学技术的发展注入了强大动力，人类的航空技术也因此开始迅速发展，热气球、飞艇、滑翔机和飞机等众多现代航空器在一个多世纪的时间里相继被发明并发展成熟。随着航空业的大力发展，再加上法国的达盖尔于 1839 年制造出世界上第一台实用的相机，至此航拍的两大要素就集齐了。

阿尔希塔斯制造会飞的机械鸽

历史上最早的航拍是由法国著名摄影师费利克斯·纳达尔完成的。1858 年 12 月的一天，他驾驶热气球在法国巴黎的上空用老式的湿版照相机进行摄影，并且花了 20 分钟在吊篮的暗室里完成了从涂制到拍摄再到冲洗的过程。这一创举第一次向人类展示了"上帝视角"。

除了热气球，航拍爱好者们还尝试过多种平台。1882 年，英国气象学家阿奇博尔德利用一长串风筝升空，把相机绑在最下面的风筝上进行拍摄；1897 年，瑞典发明家阿尔弗雷德·诺贝尔拍摄了第一幅以火箭作为搭载平台的航拍作品；1903 年，朱利叶斯·纽布兰纳尔设计了一种极小的、可固定在鸽子胸前的相机，相机每 30 秒自动曝光一次，以此进行航拍。

费利克斯·纳达尔在巴黎上空的热气球中
进行航拍

进入 20 世纪，第一次世界大战推动了飞机制造业的技术快速发展，飞机的发明呼唤着无人机的出现。1914 年英国将军卡德尔和皮切尔率先提出了无人机的想法，1916 年 9 月 12 日，人类历史上第一架无人机出现了，并在美国试飞成功。第二次世界大战之后，无人机仍然活跃在军事领域。此段时期的航拍主要用途是侦查，且在军用方面发挥了极大的价值。

真正把无人机运用在影像领域的要数资金充足的电影产业。在好莱坞早期的一些片场，导演主要使用直升机搭载昂贵的 Spacecam 专业航拍系统进行航拍，Spacecam 利用了三轴陀螺仪来实现相机系统的稳定，但是这样一来，电影的制作成本就会比较高昂。后来，随着无人机平台的不断更新迭代和电影摄像机的轻量一体化，越来越多的剧组开始使用多旋翼无人机和模仿 Spacecam 的陀螺仪稳定器带着电影机在空中进行拍摄工作。由此，电影产业把无人机从军事层面拉到民用层面。

由于工业制作成本不断下降，航拍影像得以进入大众视野。在早期，GoPro、GH4、A7 等微单和单反相机在航拍无人机中占据主导地位，无人机厂商和相机厂商虽然密不可分却又分工明确。后来，大疆的崛起引领了无人机航拍器的一体化趋势，相机和其搭载平台不再是两个分体，使用一套操作系统就能同时对两者进行操作，甚至无人机能够和移动端建立良好的联系，这提高了操作效率，也简化了操作过程。

从冒着生命危险在热气球上进行拍摄，到无人机搭载昂贵的电影摄像机，再到消费级航拍无人机的普及，航拍走过百年，使人类获得了新的审视世界的视角。

1.3 航拍的常见用途

航拍在人们的生产生活中有着多种用途，下面将介绍航拍在不同领域的不同应用。

1.3.1 广告宣传

这是一种常见的航拍用途，在拍摄旅游宣传片、商业广告等视频时运用航拍，可以更好地展现宏伟的建筑、川流不息的街道、高楼林立的街景，以及古色古香的小镇、优美的自然风光等。

　　下图展现的是无人机穿越平流雾对城市进行航拍，特定的天气格外难得，如果遇到这种天气一定不要忘记拍下珍贵的照片。

城市航拍图

　　和城市宣传片相似，可利用航拍技术拍摄风景宣传片，以河流、山脉、树林、沙漠、海边、冰川等景观为被摄主体。在拍摄风景宣传片时，可借助少许建筑、行人或车辆进行修饰，使画面显得更加丰富。

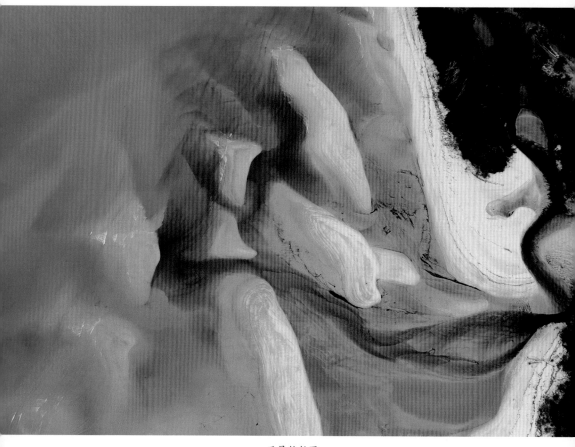

风景航拍图

1.3.2 影视制作

近些年我们越来越多地在荧屏上看到航拍的镜头，电影、电视剧、综艺节目、纪录片等都融入了航拍镜头，丰富了观众的视觉体验，增强了观众的代入感。影视剧组为追求高画质，多选择专业级别的航拍设备，所以剧组内负责飞行拍摄的飞手一般都具备极高水平的飞行操控技能，且有较强的审美能力，能够理解导演和编剧的镜头含义并通过飞行技巧来展现。运用航拍可以让相同或相似的剧本内容展现出完全不同的感觉，相较于用传统的拍摄设备或摇臂拍摄，航拍增加了空中视角，使得影片更具吸引力。

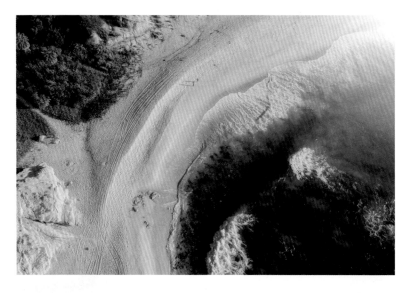

航拍镜头

1.3.3　赛事直播

　　大型体育赛事通常会使用无人机来直播。例如在 2020 东京马拉松赛事直播中就能看到很多用无人机航拍的画面。

航拍的 2020 东京马拉松赛事画面

此外，无人机航拍也会出现在高尔夫比赛、足球比赛、皮划艇比赛、汽车拉力赛等场景中。

1.3.4　测量勘察

航拍不只可以应用在影视领域，还可以用在一些特殊领域，比如测绘院、建筑工程施工公司、文物局等单位会将航拍无人机与建模软件结合使用，利用航拍照片进行工程现场的测量勘察以及建立三维模型等。

由航拍照片拼接而成的三维立体影像图

1.4　航拍设备类别

前文介绍过，航拍是借助航空器或飞行器在天空飞行时对地球地貌进行的拍摄。常见的飞行设备有多旋翼无人机、单旋翼无人机、固定翼无人机、穿越机等。

1.4.1　多旋翼无人机

这是应用最广、使用人数最多的一种无人机，其具有飞行稳定、拍摄画面稳定、操作简单、易上手等优点，建议刚了解航拍的读者从多旋翼无人机开始学起。这里补充一个知识点，即如何区分多旋翼无人机和单旋翼无人机，多旋翼无人机和单旋翼无人机都属于旋翼类无人机，具有三轴或更多轴的旋翼类无人机被称为多旋翼无人机，这里提到的轴数量可以理解为机臂的数量，而同属旋翼类无人机的直升机则被称为单旋翼无人机。

多旋翼无人机

1.4.2　单旋翼无人机

单旋翼无人机，俗称直升机，也属于无人机的一种。单旋翼无人机具有飞行速度快、操纵灵活、能搭载较重的摄影设备等优点，但其缺点也很明显，就是对操控技术的要求高，技术很熟练的飞手才能驾驭。单旋翼无人机在影视航拍中广泛应用，一般应用在需要快速追踪移动物体的场景中，例如汽车拉力赛、摩托车越野赛等。

单旋翼无人机

1.4.3　固定翼无人机

固定翼无人机的外观和飞行原理都与我们乘坐的客机相似，具有飞行距离远、飞行速度快的优点，缺点也是对操控技术的要求高。早期无人机还未形成产品化，航模作为主要的飞行拍摄载体，一直是人们热衷使用的对象，其中固定翼无人机款式是航模中的热门，许多酷

固定翼无人机

炫的第一视角飞行的镜头都是借助固定翼无人机挂载运动相机拍出来的。

1.4.4　穿越机

穿越机是多旋翼无人机下面的一种比较特殊的款式，因其体积小、飞行速度快，方便穿越丛林、拱门、山洞、廊桥等，所以被称为穿越机。穿越机在航拍中也有一席之地，在拍摄极具视觉冲击力的镜头方面发挥着至关重要的作用。许多惊险动作片中，人物纵身跃入山谷之中时，可用穿越机跟随人物，拍出震撼人心的快速下降画面。

穿越机

1.4.5 其他

除上述无人机以外，还有许多航拍设备载体，例如气球等，它们的相似之处是可以搭载相机升空进行拍摄。这类拍摄方法相较于成熟的无人机航拍来说画面不够稳定，拍摄时很容易出现画面抖动且有水波纹的情况，拍摄画面达不到制作高品质视频的要求，并且拍摄时有损毁器材的风险，因此不建议轻易尝试。

第 2 章
飞前需要了解的事项

　　想要合法飞行，你知道必须掌握哪些知识点吗？比如无人机航拍需要"持证上岗"；再比如一不小心你就可能违法飞入禁飞区，导致无人机被击落。你需要仔细阅读本章的内容，认真了解关于无人机操作的法律法规及相关规定，避免"黑飞"，遭遇不必要的麻烦或损失。

2.1　合法飞行、远离"黑飞"

近些年随着无人机技术的不断进步，购买民用无人机的航拍爱好者越来越多，但随之而来的问题也越来越多，不安全、不稳定的因素也在不断增加。例如没有经过系统培训的航拍爱好者携带没有备案登记的无人机进行航拍，很有可能会干扰民航飞机，严重影响飞行安全，从而造成迫降；或者操作不当导致无人机摔落，砸坏房屋、汽车等。这类新闻屡见不鲜。为规范国内无人机飞行环境，国家先后出台了一些法律法规，对无人机本身和无人机的操作人员进行了规定和约束。那么与无人机飞行有关的法律法规具体都有哪些呢？

以下这些法律法规，有的规定了无人机的注册登记条件，有的划分了航空管制领域，有的明确了违法飞行的惩罚措施。建议大家在飞行前仔细阅读。

《无人驾驶航空器飞行管理暂行条例（征求意见稿）》

《民用无人驾驶航空器实名制登记管理规定》

《关于公布民用机场障碍物限制面保护范围的公告》

《无人驾驶航空器系统标准体系建设指南》

《无人机围栏》

《无人机云系统接口数据规范》

如果你懒于阅读上述法律法规，没关系，下面总结了"四个绿灯""四个红灯"，只要遵循这八项规定你也能合法飞行！

四个绿灯：

（1）轻型以上无人机首次飞行前，一律登录中国民航局网站完成实名信息登记；

（2）无人机飞行前，应该在相关网站进行适飞空域和管控空域查询；

（3）如需在管控空域飞行，一律按照各地区无人机飞行管理实施办法进行空域、飞行计划及放飞申请，获批后方可飞行；

（4）轻型以上无人机需要将每次飞行运行的动态数据实时上报至"中国民航局无人驾驶航空器空管信息服务系统"（UTMISS）。

四个红灯：

（1）未经飞行管制部门批准，禁止在管控空域飞行无人机；

（2）禁止改装无人机或者破解无人机系统，篡改无人机产品标识；

（3）禁止扰乱居民、机关、团体、企业、事业单位的生活、工作、生产、教学、科研、医疗等正常秩序；

（4）禁止销售和购买不符合国家强制性标准或者明示的执行标准或者无产品标准标识的无人机。

当你购买无人机之后，首先需要做的就是在"无人机实名登记系统"中登记信息，杜绝"黑飞"。具体方法如下。

第一步：登录管理平台。

进入民用无人驾驶航空器综合管理平台（UOM），创建一个属于自己的账号并登录。

民用无人驾驶航空器综合管理平台

第二步：个人实名登记。

登录后会进入系统管理界面，根据要求填写个人信息，进行实名登记，完成后单击"提交审核"按钮。此时界面会跳转出现一个二维码，用手机扫描二维码进行人脸验证，验证通过后即可完成个人实名登记。

个人实名登记

第三步：无人机信息登记。

完成个人信息登记后，继续给自己的无人机进行信息登记。选择界面左侧的"实名登记"，再选择"注册品牌无人机"。

无人机注册界面

接下来在搜索框中输入生产厂商名称进行检索，例如输入"大疆"，单击"查询"按钮，再选择无人机的生产厂商即可。

选择生产厂商

勾选自己无人机的产品型号。

选择产品型号

完成生产厂商和产品型号的选择后，在"实名登记信息"一栏中，系统会自动填充其他部分的信息，此处如果你使用的是大疆无人机，还需要填写产品序列号（SN）。产品序列号（SN）就相当于无人机的"身份证号"，是一个由二维码和数字组成的贴纸，一般贴在无人机的机臂上。

　　在"使用用途"一栏中，已勾选的选项可以取消勾选，灰色选项则无法勾选或更改，你可以根据无人机的实际用途进行勾选。

　　在"无人机照片"一栏中，需要对无人机和产品序列号进行拍照。

无人机信息登记 1

无人机信息登记 2

以上这些步骤都完成后。单击"完成注册"按钮，即可在列表中看到已经登记的无人机信息。

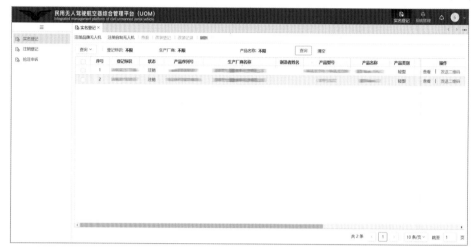

完成注册的无人机设备列表

第四步：查看二维码。

在完成相关信息登记后，界面上会出现一个二维码，扫描该二维码可以查看操作人员信息以及对应绑定的无人机信息。建议将此二维码打印出来粘贴在无人机机身上以备不时之需。如果未按规定如实登记的，一旦被公安机关发现，会被要求责令改正，同时公安机关会对公民个人处以 1000 元以下罚款，对企业或者单位处以 1000 元以上 30000 元以下的罚款。所以大家要记得在飞行前及时登记相关信息，免得因违反规定引来不必要的麻烦。

2.2 不同飞行执照的意义和作用

如同开汽车需要汽车驾照，开飞机需要飞行执照一样，使用无人机航拍也需要"持证上岗"。

目前国内有三种较为知名的无人机驾驶执照和证书，它们分别是无人机云执照、UTC 证书和 ASFC 证书。有了这三种无人机驾驶执照和证书中的任意一种，无人机就可以合法飞行。下表总结了三种证件的签发单位、监管单位、性质，以及适用范围。

类型	签发单位	监管单位	性质	适用范围
无人机云执照	中国航空器拥有者及驾驶员协会（AOPA-China）	中国民用航空局	执照	无人机行业从业者
UTC 证书	大疆慧飞	中国航空运输协会	合格证	简单航拍飞行
ASFC 证书	中国航空运动协会	国家体育总局	级别证书	体育赛事及专业技术

2.2.1 无人机云执照

无人机云执照，又称民用无人机驾驶员合格证，是目前国内最为权威的无人机驾驶执照类型，考试难度系数较高。这个执照由中国民用航空局监管，由中国航空器拥有者及驾驶员协会组织考试并派发证件。课程时间一般为 20 ～ 30 天，结业考试的科目有理论、实操、综合问答（教员需要有口试环节）。通过考试后会颁发无人机云执照和无人机驾驶员合格证双证。

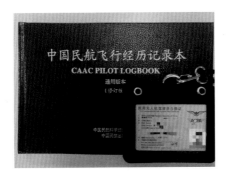

区分无人机云执照类型的方式有以下三种。

方式一：无人机云执照根据飞行的机型不同分为单旋翼、多旋翼、固定翼、垂直起降固定翼、飞艇五大类别，每种类别执照获得者可以操作对应的设备类型。多旋翼执照获得者可操作多旋翼无人机，固定翼执照获得者可操作固定翼无人机，但固定翼执照获得者无法操作其他种类的机型。值得一提的是，单旋翼执照获得者是可以操作单旋翼和多旋翼两种机型的，因为它们都属于旋翼类。

方式二：无人机云执照根据无人机重量分为 I 至 VII 七大类别。从下表中可以直观地看到不同重量对应的不同等级。目前操作空机重量小于 250g 的飞行器是可以不用考证的，如大疆的 Mini 系列；而操作再重一些的无人机就需要根据其对应的等级考取证件。

无人机分类等级	空机重量（包含电池）/g	起飞重量 /g
I	$0 < W \leqslant 0.25$	
II	$0.25 < W \leqslant 4$	$1.5 < W \leqslant 7$
III	$4 < W \leqslant 15$	$7 < W \leqslant 25$
IV	$15 < W \leqslant 116$	$25 < W \leqslant 150$
V	植保类无人机	
VI	无人飞艇	
VII	超视距运行的 I、II 类无人机	

方式三：无人机云执照根据飞行等级分为视距内驾驶员证、超视距驾驶员证和教员证三个类别。视距内和超视距的区别在于一个可以在视距内飞行，另一个可以超视距飞行。具体的规定是在高度 120 米、直线距离 500 米内飞行称为视距内飞行，超出这个范围就是超视距飞行。

无人机云执照可以作为申请审批空域的合法证件。在执行飞行任务前遇到需要提前报备和申请的空域时，可以用无人机云执照进行空域申请。目前个人申请渠道较少，这里推荐一个网站：中国民航局无人驾驶航空器空管信息服务系统（测试版）。目前这个网站可以申请深圳市、上海市金山区以及海南省的空域。具体申请方法如下。

第一步：登录网站。

如果你第一次使用这个网站，需要先注册一个账户，然后在登录界面输入手机号、密码并选择需要申报的区域，点击"登录"按钮。

中国民航局无人驾驶航空器空管信息服务系统（测试版）

第二步：查看适飞空域。

登录后进入空域查询界面，在这里可以查看适飞空域。

第三步：飞行申请。

选择"飞行申请"，在飞行申请界面可以进行空域申请、飞行计划申请和放飞申请的操作。

飞行申请界面

选择要申请的项目，根据提示信息完善内容并提交申请，然后耐心等待答复即可。

空域申请界面

飞行计划申请界面

放飞申请界面

2.2.2 UTC 证书

　　UTC 证书是由大疆慧飞牵头并颁发，由中国航空运输协会监管的无人机操作技能证书。要取得此证件，考生要初步了解无人机操作知识，学会无人机的使用技能以及安全规范，无人机新手适合考取该证件。UTC 课程分为应用通识、航拍专业、巡检专业、测绘专业等不同专业类型。对于摄影爱好者来说，其主要飞行目的是航拍，因此选择考取航拍专业证书即可。

　　UTC 证书同样具有法律效力，可以作为合法的飞行证件使用。其课程时间一般为 4 ～ 6 天，设理论和实操两门考试科目，考生通过后即可获得证书。其考试难度相较于无人机云执照来说要小很多，但含金量相对也会低一些。因为是大疆慧飞主持开设的课程，教学以及讲解到的许多航拍技巧和知识都是围绕大疆无人机设备展开的，如果你恰好有一台大疆无人机，并且想先了解一些基础知识，简单学习技能，这个证件还是很适合你考取的。

UTC 航拍专业证书

2.2.3 ASFC 证书

ASFC 证书是由中国航空运动协会牵头，国家体育总局监管的无人机操作技能证书，其中包含 ASFC 会员证和遥控航空模型飞行员执照这两种证件。

此类证件的使用范围相较于前面两种来说小得多，主要针对的是体育赛事航拍，例如参加国际航空联合会举办的赛事就需要有中国航空运动协会（ASFC）的会员证。

ASFC 的考试级别按照航空器类别分为三类，分别是 A 类固定翼、C 类直升机、X 类多旋翼。ASFC 考试难度分为八级、七级、六级、五级、四级、三级、二级、一级、特级，共九个等级，其中八级最低、特级最高。所以 ASFC 证书比较适合航模爱好者以及无人机体育赛事参与者考取，不太适合想简单航拍的人考取。

ASFC 会员证和遥控航空模型飞行员执照

2.3 限飞区

为了保障公共空域的安全，有关部门和无人机研发公司设置了无人机禁飞区和限高区。

2.3.1 禁飞区

禁飞区，简单来说就是指未经允许不得飞入和经过的空域。空域主要分为融合空域和隔离空域。融合空域是指民航客机与无人机都可以飞行的空域，也就是我们进行航拍所能涉及的空域类型。隔离空域我们则很少接触到，可以不了解。

禁飞区分为临时管制禁飞区和固定禁飞区。

临时管制禁飞区多数情况下为空军或民航局根据飞行任务所需，将某处空域进行一段时间的禁飞，禁飞区都会公布具体的经纬度坐标及高度要求；或在大型演出、重要会议、灾难营救现场等区域设置临时禁飞区，在活动准备和进行阶段禁止飞行，以维护公共安全。这类临时的禁飞通知一般由当地公安部门负责下发。在飞行无人机之前需要了解当地的限飞政策，尤其是在陌生城市，避免飞入限飞区引发不必要的麻烦。

固定禁飞区是指机场、军事基地、政府机关、工业设施周围禁止飞行的区域。为了避免飞行风险，有关部门和无人机研发公司在重要政府机关、监狱、核电站等敏感区域设置了限飞区，这些区域边界向外延伸 100 米为永久禁飞区，完全禁止飞行。为了保护民航客机的起降安全和军事机密，各个城市的民用机场和军用机场更是重点禁飞区，机场跑道中心线两侧各 10 千米、跑道两端各 20 千米范围内禁止一切飞行器的飞行。

多边形限飞区如下。

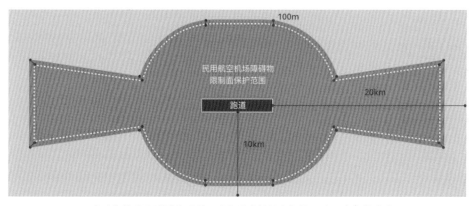

*以上为机场限飞区划定原则，具体区域根据各机场不同环境有所区别。

圆形限飞区如下。

机场禁飞区：将民用航空局定义的机场保护范围的坐标向外拓展 100 米形成的禁飞区。

机场限飞区：跑道两端向外延伸 20 千米，跑道两侧各延伸 10 千米，形成约 20 千米宽、40 千米长的长方形，飞行高度限制在 150 米以下。

在大疆无人机的操作界面中我们也可以看到，遥控器的地图界面会标出常见的机场禁飞区。

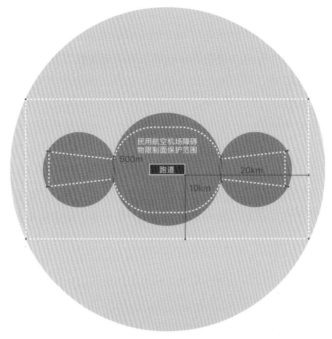

民用航空机场障碍物限面保护范围

500m

跑道

20km

10km

* 以上为机场限飞区划定原则，具体区域根据各机场不同环境有所区别。

2.3.2　限高区

除管控区域外，无特殊情况均划设为微型、轻型无人机的适飞空域，即无须申请即可合法飞，并不会一飞就"吃罚单"。那么为什么总能在新闻上看到有人因为飞行不当而"吃罚单"呢？其实，大部分原因是他们在管控区域内飞行或者超高飞行了。到底飞多高才是安全合规的呢？

一般来说，微型、轻型无人机在大部分地区的适飞空域内无须申请即可合法飞行，且这类飞行无强制证照资质要求。微型无人机适飞空域高度在 50 米以下，轻型无人机适飞空域高度在 120 米以下。只要不超过限制飞行高度，无人机飞行完全可以合法进行。

2.3.3　查询禁飞区和限高区

目前在大疆官方网站可以查询到机场禁飞区范围，不过此网站只支持查询大疆无人机的禁飞区和限高区。

在大疆的禁飞区查询界面，除禁飞区和限高区外，我们还可以看到授权区、警示区、加强警示区以及其他区域。根据图例了解和熟悉空域会对你合法飞行无人机提供良好的帮助，你可以根据查询到的信息合理安排飞行计划。

区域分类示意图及注释

2.3.4 无人机遇到限飞区时的反应

以大疆无人机为例，当无人机接近限飞区域时，App 将弹出警告，提示飞行风险，建议接收到警告后返航并重新选择飞行地点。

从外部接近限飞区边界时，如果高于限制高度，无人机将自动减速并悬停；如果低于限制高度，无人机飞入限飞区后高度将受到限制；如果在无 GPS（全球定位系统）信号的状态下进入限飞区，无人机获得 GPS 信号后将自动下降至限制高度，并且降落过程中，油门不可控，水平方向可控。

无人机无法在禁飞区内起飞；从外部接近禁飞区边界时，无人机将自动减速并悬停；如果在无 GPS 信号的状态下进入禁飞区，无人机获得 GPS 信号后将自动降落，并且降落过程中，油门不可控，水平方向可控。

相信通过对本章内容的学习，读者对无人机飞行的法律法规和注意事项有了初步的了解，增强了安全飞行的意识。近年来为保障民航客机飞行安全以及人民生命财产安全，警方与机场空管部门都在加大对无人机"黑飞"的查处力度。在进行无人机航拍之前，要牢牢守住安全合法飞行这根红线，从自身做起，营造良好的飞行环境。

第 3 章
选择专属你的航拍设备

  本章将介绍市面上常见的无人机类别、品牌和特点，以及在购买无人
机时需要注意的问题，旨在帮助大家挑选自己心仪的无人机。无论是记录
日常还是影视创作，总有一款无人机适合你。

3.1 无人机的类型与用途

要了解无人机的种类，需要先知道什么是无人机。无人驾驶航空器简称"无人机"（unmanned aerial vehicle），英文缩写为"UAV"，是利用无线电遥控设备和自备的程序控制装置操纵的不载人航空器，或者由车载计算机完全地或间歇地自主地操作的不载人航空器。

无人机可以被细分为多旋翼无人机、单旋翼无人机和固定翼无人机等。本节将会依次介绍这几种无人机的类别和特性。

3.1.1 多旋翼无人机

聊到多旋翼无人机，我们经常会听到四轴无人机和六轴无人机的概念，甚至还有八轴无人机，那这些数字代表的是什么意思呢？

轴代表多旋翼机臂，有几个轴就意味着有几个带有电机螺旋桨的机臂。无人机之所以能飞起来，是因为电机旋转而产生的升力，且相邻电机的旋转方向相反，用来抵消反扭矩作用力，无人机就可以保持机身稳定而不产生自旋。如果电机都朝向一个方向旋转或不是相邻电机朝相反方向转动，则无人机会产生自旋的情况。

多旋翼无人机是指具有三个及更多轴的无人机，也就是说，多旋翼无人机最少要由三个轴组成，一般以双数轴递增，比如前文中提到的四轴、六轴、八轴。因此，无论是三轴、四轴、六轴，还是八轴无人机，都属于多旋翼无人机。

那不同的轴数多旋翼无人机之间具体有哪些区别呢？下面以四轴无人机和六轴无人机为例，讲解它们之间的区别。

四轴无人机操控起来更灵活，结构也更简单，更贴合"便携化"和"轻量化"的设计理念，是市面上常见的航拍无人机款式，航拍爱好者比较喜欢购买的几款大疆无人机就属于四轴无人机。而六轴无人机的尺寸相对来说更大一些，适合搭载专业的单反相机进行拍摄，许多影视剧组在拍摄高画质的高空镜头时会选择使用六轴无人机搭载稳定云台和单反相机，六轴无人机有时也会被用作警用无人机。六轴无人机的废阻力相较于四轴无人机来说也更小（废阻力取决于桨叶相邻距离，距离越近，废阻力越小）。此外，六轴无人机有动力冗余，当一个电机因为故障停转时，无人机依然保持悬停，不会直接坠落，停转电机的对角电机也会自动停转，空中会有四个电机继续工作以保持飞行稳定，直到无人机安全飞回起降点或在合适位置迫降；而四轴无人机则没有动力冗余，如果一个电机停转，则无人机会直接坠落。

四轴无人机

六轴无人机

3.1.2　单旋翼无人机

单旋翼无人机是指外观样式类似直升机的无人机，它和多旋翼无人机都属于旋翼类无人机。单旋翼无人机一共有两个旋翼面，分别是主动力旋翼面和尾桨旋翼面。单旋翼无人机的结构原理与有人驾驶的直升机结构十分相似，许多关键部分也是按照其等比例缩放制作的。单旋翼无人机相较于多旋翼无人机来说具有速度快、载重大的优势，在早期的航拍中，许多竞速类的航拍镜头都是依靠单旋翼无人机搭载单反相机拍出来的。

共轴双桨大载重直升机

单旋翼无人机的缺点也很明显。一是操作难度高，飞行的手感和多旋翼无人机有较大的区别，飞手需要专门花时间去学习熟悉飞行技巧，其稳定性也没有多旋翼无人机好。二是它并不能满足多数航拍需求，目前竞速类航拍镜头有穿越机可以完成拍摄，搭载大载重设备有六轴、八轴无人机代替，因此单旋翼无人机已经慢慢退出了航拍领域。目前操作单旋翼无人机的场景多集中于特技飞行和表演，用单旋翼无人机表演 3D 特技飞行动作还是很酷的。

3.1.3　固定翼无人机

固定翼无人机的设计原理来自有人驾驶飞机，其飞行方式和外观布局都和现在的有人驾驶飞机一样，例如经典的塞斯纳小型飞机，固定翼无人机中也有同款。固定翼无人机的飞行原理和多旋翼无人机不同，它是借助螺旋桨运动产生的拉力和机翼产生的升力来克服空气阻力和地球重力实现飞行的。固定翼无人机有飞行距离远的优点，可通过架设地面数传图传基站的方式实现几十千米的超远距离飞行。其缺点也很明显，就是飞行中不能悬停，需要一直保持飞行的动力并向前飞行。目前固定翼无人机多用于国土测量和遥感测绘，在航拍中较少运用到。如果你只是好奇固定翼无人机飞行的视角，可以在航模固定翼上安装 FPV（第一人称主视角）镜头或运动相机来体验。

大型固定翼无人机

3.1.4 穿越机

这里单独介绍穿越机。穿越机也叫竞速无人机，是一种以飞行体验为第一要素，为减轻机身重量，只保留维持飞行必需的单片机的四轴无人机。穿越机是四轴无人机，所以它属于多旋翼无人机。之所以将它单独拎出来介绍，是因为它和普通多旋翼无人机不同，具有速度快、操控灵活、画面冲击力强、可大幅度完成特技飞行动作、机身能够完全旋转飞行等特点。飞手不仅要通过遥控器来控制它，还要戴上 FPV 眼镜，接收从无人机上传来的第一人称画面，判断无人机姿态。此类无人机一般是飞手自己购买无人机各个配件再自己焊接组装的，当然也可以直接购买套机。

DIY（自己动手做）穿越机

第一视角操作穿越机

穿越机的时速最快能达到 230 千米，这是其他飞行器难以企及的速度。早期的穿越机用户以航模爱好者和无人机竞速玩家为主。无人机竞速运动是近年来新兴的科技运动，由于速度极快，无人机竞速也被称为"空中 F1"。很多竞速玩家一开始都是被竞速无人机的速度、炫酷、刺激所吸引的。近些年随着各种穿越机竞赛的举办，大家慢慢开始熟悉这种酷炫的无人机设备，目前已经有许多职业穿越机飞手组成战队参加穿越机的赛事，赛事奖金通常比较丰厚，吸引力十足。

不过，激烈竞速中，操作不当或机器故障等导致穿越机不正常坠落的"炸机"行为对新手来说并不鲜见。因为穿越机很难操作，对飞手的技术要求非常高，所以它属于一个非常小众的无人机类别，一般是高级玩家才会使用的设备。

穿越机比赛直播画面

另外，穿越机在航拍领域也是一把好手，它能充分发挥自身的优势，拍出普通无人机拍不到的画面。普通无人机具备增稳功能和悬停功能，为的是能拍出稳定的画面；而穿越机并没有增稳功能，完全利用"手动模式"进行操作，这也就决定了它可以完成空中翻转、俯冲向下、灵活移动等飞行动作，因此能够拍摄到和普通无人机视角不同的画面。

在航拍领域，穿越机主要用于拍摄部分影视镜头和速度竞技类广告。例如穿越机飞控大师 Jonny Schaer 就曾借助定制穿越机和配备全域快门的新款超高速紧凑型 4K 相机 Freely Wave，拍摄出一部精彩独特的保时捷跑车广告。这个保时捷跑车广告片将穿越机的速度之快与动作之灵活表现得淋漓尽致，充分体现了穿越机拍高画质、慢动作视频的巨大潜力。我们可以从广告画面中感受到，穿越机是在沙漠和雪地中追逐飞驰的跑车并近距离拍摄的，并且在这一过程中穿越机穿越了飞沙走石，飞越了正在高速行驶的跑车的车窗，这种震撼的画面效果和精湛的技术令人叹为观止。对于人们的视频里是否加入了特效画面的疑问，Jonny Schaer

强调那些沙石溅向镜头的画面绝非特效或计算机动画，它们是穿越机近身飞跃跑车时拍下的。

用穿越机拍摄的保时捷跑车广告

　　了解了以上几种无人机，不难看出主流的航拍设备还是四轴无人机，这类无人机更适合大众使用。当然，如果你已经有了一定的飞行能力和技巧，也可以使用穿越机进行一些特殊镜头的拍摄。而单旋翼无人机和固定翼无人机并不符合多数人的航拍需求，只适合小部分有特殊需求的群体使用，因此不推荐普通航拍爱好者购买。

3.2 航拍无人机的品牌

大疆是目前市面上主流的无人机品牌，大多数人一提起无人机首先想到的就是大疆。不过，除了大疆以外，仍有一些小众品牌占据了全球约 20% 的无人机市场份额。本节将会介绍常见的无人机品牌。

3.2.1 大疆

大疆是中国的无人机品牌，是最早专注于航拍类无人机研发与生产的公司之一。该品牌拥有多个系列的航拍无人机，由入门级到专业级，应有尽有。

大疆首款面市的一体化小型多旋翼飞行器是精灵（Phantom），它在整个航拍无人机领域中具有划时代的意义。初代的精灵无人机已经具备了垂直起降、自主飞控系统、低电量报警、自动返航等功能，这些技术在当时都是领先的，美中不足的是云台和相机还没有和无人机结合，所以无人机需要搭配运动相机来进行航拍。缺少了云台增稳的相机拍摄的画面容易出现水波纹，因此画质不够理想。此后大疆相继推出了精灵 2 代、精灵 3 代、精灵 4 代。在精灵 3 代问世的时候，就已经有和机身结合在一起的云台相机，使拍摄画面的画质得到了明显的改善和提升。

大疆精灵 1 无人机

为了满足消费者对无人机便携性的需求，大疆又研发制造了可折叠无人机——大疆御（Mavic）系列。从最早的 Mavic 1 和 Mavic Pro 开始，到后来的 Mavic 2、Mavic 3，涵盖了不同机身尺寸、镜头像素、续航时长和拍摄功能。

为了满足影视级别需求，能搭载提供更高画质的摄像头的悟（Inspire）系列无人机问世。悟系列无人机多为专业影视团队和剧组使用，可自由更换 X5、X7 等不同功能的镜头，酷炫的外表和可升降的机臂也让消费者对这款充满科技感的无人机充满了好感。

Mavic Air 2 无人机

Inspire 2 无人机

随着多款无人机的面世，大疆将航拍无人机的研发制造推向了一个新的高潮。大疆无人机的发展历程也在很大程度上代表了中国乃至世界范围内的航拍无人机的发展历程。大多数航拍爱好者之所以选择大疆无人机，是因为它懂得如何帮助人们拍出优秀的航拍作品，强大的软件功能让新手快速学会操控航拍无人机。

事实上，大疆每发布一款新产品都备受瞩目。那么哪款无人机才是真正适合你的呢？大疆有 5 个系列的无人机深受用户喜爱，即使是不善航拍的新手，也能迅速上手，用独特视角探索世界。这 5 个系列分别是大疆精灵（Phantom）系列、大疆御（Mavic）系列、大疆悟（Inspire）系列、大疆 Air 系列和大疆 Mini 系列。

如果你想航拍创作，并且注重轻量化，那么你可以选择超轻的大疆 Mini 系列，它的起飞重量仅不到 300g，相当于一个苹果的重量。如果你是进阶玩家，同时也想兼顾重量，可以选择大疆 Air 系列，它是集飞行与拍摄于一体的高性价比机型，小巧的机身提升了它的便携性。如果 Air 系列仍不能满足你的需求，那么大疆御（Mavic）系列可能会适合你，它是许多航拍爱好者喜爱的无人机，紧凑的机身蕴藏着强悍性能，配备行业领先的哈苏相机，可拍摄细节丰富、色彩明艳的画面，不过它更重一些。此外，大疆精灵（Phantom）系列是专业级 4K 航拍无人机，飞行性能非常好，配备先进的五向障碍物感知技术，为飞行保驾护航。大疆悟（Inspire）系列集多种先进技术于一身，最高配置的 X7 云台可以搭载 APS-C 画幅传感器，拍摄画质极佳，能充分满足行业和专业影视用户对拍摄的高要求，更加适用于影视航拍。

DJI Mini 3 Pro   DJI Air 2S   DJI Mavic 3 Classic   DJI Mavic 3

3.2.2　道通

道通也是中国的无人机品牌之一。2015 年，道通开始探索无人机研发，道通智能正式在美国发布第一代无人机产品 X-STAR——一款即飞式的航拍一体机。X-STAR 的外观造型与大疆的精灵系列类似，采用三轴稳定云台设计，安装有 1200 万像素和 4K 超高清航拍的摄像头，遥控器带有 LCD（液晶显示屏）和一键动作按钮，可控制距离最远 1.25 英里（约 2 千米）的无人机，GPS+GLONASS 双卫星定位，确保稳定飞行，而且还可以通过适用于 iOS 和 Android 的免费应用程序实现自主飞行模式和高清实时视图。道通无人机凭借其卓越的品质在海外市场迅速积累了良好口碑。

道通 X-STAR

在推出第一款无人机产品后，道通专注于研发新款无人机的造型和功能。2018 年，新一代可折叠智能航拍无人机 EVO 在海外上市。2020 年，道通智能发布 EVO Ⅱ 系列，正式回归国内市场。其中，EVO Ⅱ 和 EVO Ⅱ Pro 将折叠式无人机推向画质新高度，在消费级市场获得极高美誉度。

EVO Ⅱ Pro V3

不过，该品牌的无人机主要服务于安防、巡检、应急、测绘这四大板块，为消防、搜救、执法、能源、测绘等应用领域带来高效智能的作业体验。不太推荐航拍爱好者购买。

安防	巡检	应急	测绘
·治安巡逻	·电力巡检	·消防救援	·国土测绘
·交通巡查	·林业巡查	·野外搜救	·工程测绘
·边境巡防			
·海防缉私			

3.2.3　美嘉欣

美嘉欣同样是一家专注于研发、生产和销售无人机的中国公司，早年是靠生产、售卖玩具和航模出名的。不过因为其生产的航模不具备自主增稳、自动返航、超视距飞行、云台防抖等核心功能，所以当时市面上可以见到的款式还不能被称为无人机。后来根据市场发展需要，美嘉欣组建了一支对无人机产品和国际无人机市场有着深入了解的专业团队，逐步研发生产出了适应当代需求的航拍无人机，其中最有代表性的就是 BUGS 系列。

MG-1　　　　　BUGS 12 EIS　　　　BUGS 16 PRO　　　　BUGS 19　　　　BUGS 20 EIS

BUGS 系列

BUGS 系列无人机是名副其实的千元机，其中购买 BUGS 19 和 BUGS20 EIS 的用户较多。这个品牌的无人机更适合初级航拍爱好者和航模爱好者购买。

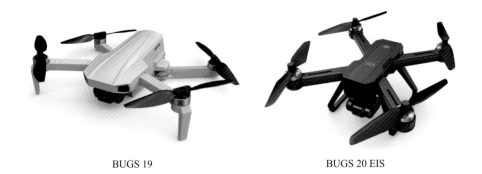

BUGS 19   BUGS 20 EIS

3.2.4　Parrot（派诺特）

Parrot（派诺特）可以说是无人机爱好者较为熟知的一个国外品牌了。它于 1994 年成立于法国巴黎，于 2010 年前后开始了无人机研发与生产。最早推出的四轴飞行器 AR.Drone 2.0 是一款设计简洁的多旋翼无人机，可以通过 Wi-Fi 连接 iPad、iPod 和 iPhone 进行遥控，并配备多个感应器和摄像头，支持多点触控及重力感应。

AR.Drone 2.0

2014 年，Parrot 的另一款产品 Parrot Bebop Drone 成为该公司的明星产品，该款产品具有专业级无人机的性能配置，将 1400 万像素、180 度广角的高清摄像头与 FPV 融合，以超轻质玻璃纤维强化 ABS 工程塑料为制作材料，并加入了紧急情况下的飞机降落模式。凭借其出色的性能和好看的外观，Parrot Bebop Drone 在当时的航拍无人机产品中销量非常高。

Parrot Bebop Drone

近些年 Parrot 围绕设备性能进行了开拓与创新，推出了主打警用装备的航拍无人机 ANAFI 和利用仿生学原理设计的具有有趣外观造型的 ANAFI Ai。

ANAFI 主打多功能镜头，结合可见光和红外热成像的镜头，用户可以观察到不同种类的影像资料。ANAFI 和大疆推出的御 2 行业进阶无人机非常类似，都是在高清摄像头的基础上增加功能镜头以满足不同场景的使用需求。

Parrot ANAFI

ANAFI Ai 将航拍无人机与仿生学进行了良好的结合，在如今千篇一律的外观造型中不失为一个有趣的尝试，其搭载的镜头可完成 4800 万像素、4K、60 帧的超高清画面拍摄，其算得上是航拍设备里的中高端产品。

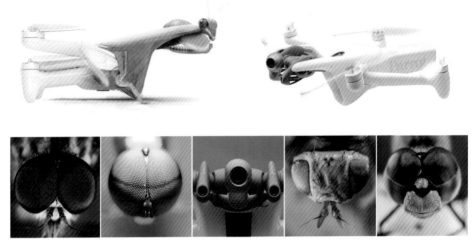

ANAFI Ai 的仿生外观设计

虽然 Parrot 很有名，但国内用户不多见。原因不外乎购买渠道少、维修麻烦，不适用于普通航拍爱好者等。

3.3　选购无人机的参考因素

选购无人机的时候，应该综合考虑哪些因素呢？无人机的功能、性价比、实用性和便携性等都是无人机用户关注的问题。不同品牌、不同系列的无人机都有着各自的特性，有的主打拍摄性能，有的主打飞行速度，有的主打续航时长……对于想要购买无人机的人而言，了解自身的使用需求是十分有必要的。本节将会列出影响无人机用户选购产品的几大因素，帮助大家选择最适合自己的无人机机型。

3.3.1 价格

无人机的价格是大多数用户选购产品时最先考虑的因素，因为预算有限，那么如何在预算内选择一台喜欢的无人机呢？

市面上的航拍无人机可以分为以下几个级别，不同级别的无人机有着不同的价格区间。

（1）入门级

入门级无人机的价格通常在 1000 ～ 5000 元。入门级无人机一般都是尺寸较小的机型，例如重量不超过 250g 的迷你型无人机。购买这个价格区间内的无人机产品主要考虑飞机的稳定性，用有限的预算获得最主要的功能。额外补充一点，那些价格在千元内的无人机产品多是商家为宣传推广而打出的噱头，大概率根本不具备航拍无人机的功能。

（2）进阶级

进阶级无人机的价格通常在 5000 ～ 15000 元。这个价格可以买到尺寸更大、功能更完善、操作性更强的无人机产品。进阶级无人机的用户一般对无人机有一定了解，会根据自己的需求进行选购，比如他们会专门选择一台能够拍摄 4K 视频的无人机或是续航时间大于 40 分钟的无人机。挑选进阶级无人机时，可在保证基础功能的前提下根据预算选配带屏遥控器、备用电池、UV 镜（紫外线滤光镜）、充电管家等。

（3）专业级

专业级无人机的使用群体较少，这类用户通常是对画质有高要求的专业影视团队、公司等，专业级无人机价格一般在几万元至几十万元不等。这类无人机多数以飞行平台的形式出现，搭载专业影视设备来进行摄影和摄像。

3.3.2 续航时间

续航时间是无人机性能的一个重要体现。在航拍的过程中，续航时间更长就意味着可以选择更多的拍摄角度和拍摄方式。目前航拍无人机的续航时间一般在 15 ～ 45 分钟，建议大家在选购无人机的时候尽量选择续航时间在 30 分钟以上的机型。如果续航时间过短，在拍摄距离起降点较远或者距离地面较高的画面时，电量可能难以坚持到拍摄结束，无人机只能返航更换电池后再重新起飞拍摄，效率和效果都会大打折扣。

3.3.3 图数传距离

图数传距离包含两个概念：图传距离和数传距离。两者都是指信号传输距离，一个是传输图像，一个是传输遥控信号，这两组信号将遥控器和无人机设备进行连接。如果图传信号断开，遥控器端就会看不到无人机的实时画面；如果数传信号断开，无人机则会进入失控状态。

在选购无人机的时候，尽量选择信号强度超过 5 千米的图数传距离，如果图数传效果差、距离短，则非常影响飞行体验和拍摄效果。因为无人机产品的图数传距离都是在空旷环境中计算的，所以如果你在有障碍物遮挡或在电磁信号复杂的区域内飞行，实际传输距离会大打折扣。

3.3.4 照片质量

照片质量主要是由 CMOS 图像传感器决定的。CMOS 底面积越大，相机能够感受到的进光量就越多，成像质量就越好。

在选购航拍无人机的时候，在预算范围内优先对比 CMOS 的尺寸信息，尽量选择"底面积"最大的。无人机的 CMOS 一般有 1/2 英寸、4/3 英寸、1 英寸等。尺寸越大，CMOS 的底面积越大，成像质量越好。除此之外，像素也会或多或少地影响照片质量，可以作为次要因素参考。

3.3.5 视频质量

视频质量主要受帧率、码率、分辨率这三个参数影响。

视频分辨率主要决定视频的画幅。分辨率越高，画幅越大；分辨率越低，画幅越小。例如常见的 4K 视频，就是 3840 像素 ×2160 像素的分辨率。

视频帧率是用于测量显示帧数的量度。所谓的测量单位为每秒传输帧数。由于人类眼睛的特殊生理结构，如果所看画面的帧率高于 60 帧 / 秒，就会认为画面是连贯的，此现象称为视觉停留。无人机的画面一般会用到 30 帧 / 秒或 60 帧 / 秒，帧率越大，画面看起来越流畅。

采样率也叫码率（比特率），主要是指每秒内的数据流，单位是 bit/s。码率越高，对画面的描述越精细，画质损失越小，所得到的画面越接近原始画面。

在选购无人机的时候，可以将帧率、码率和分辨率作为备选因素来参考，具体根据自己的拍摄需求来选择。

3.3.6　携带方式

目前无人机都在向着便携式的方向发展。老款无人机机臂是不可折叠和拆卸的，携带时会增加箱包的体积。对于摄影师来说，当然要优先选择占空间小的可折叠式无人机。

另外，无人机的尺寸也会对携带方式产生影响。同样是可折叠式无人机，尺寸越大就越重，携带就越不方便。有些航拍摄影师外出拍摄时还会同时携带单反相机、三脚架或其他摄影器材，因此选择一个尺寸合适的无人机也是很重要的，目的是减轻负重。

综上所述，你可以综合考虑无人机的价格、续航时间、图数传距离、拍摄参数、体积和重量等，也可以只考虑对你来说最重要的一个或几个因素。鱼与熊掌不可兼得，不用过分纠结，适合你的就是最好的。

3.4　航拍无人机推荐

对于航拍新手来说，建议先购买小型入门级无人机试手，训练操控手感与飞行动作，即便不小心"炸机"了也没关系，至少便宜的无人机摔坏了也不会让人那么心疼。在初步掌握无人机的操作后，再去更换操作起来更加复杂的机型。

对摄影爱好者来说，如果本身有了一定的飞行经验和摄影技巧，想要扩展自身的拍摄领域，可以入手进阶级的无人机，也就是各大无人机品牌的航拍旗舰机型。这类无人机的性能更加出众，成像画质更有保障。

影视行业以及商业广告行业的专业摄影师，可以选择购买专业级无人机。

如果你仍然苦恼不知如何选择，不妨看看本节的内容。

3.4.1　入门级无人机

（1）美嘉欣 MG-1

美嘉欣主打的 BUGS 系列作为入门级航拍无人机，其价格相对来说比较便宜，操作方式也简单易学，缺点是功能相对较少。例如 MG-1，适合刚接触无人机预算又有限的人。该款无人机支持一键起降和一键返航，两轴防抖云台搭配 EIS 摄像头，支持拍摄 3840 像素 ×2160 像素、30 帧／秒的视频，配套的 App 具备跟随、环绕、地图指点飞行、电子围栏等功能。

美嘉欣 MG-1

（2）大疆 Mini 系列

大疆 Mini 系列的定位精准，是尺寸最小、重量最轻的大疆无人机。以大疆 Mini 3 Pro 为例，它的起飞重量小于 249g，用户可以不用进行实名注册，飞行无须报备，能够在非禁飞区的视距内安全飞行，其非常适合刚入门的航拍爱好者。对于大多数不熟悉空域和空域申报流程的新手来说，选择这款产品无疑是合适的。此外，大疆 Mini 3 Pro 还具备前后下视三向双目避障系统，支持拍摄最高 4K/60 帧／秒和 4K/30 帧／秒 HDR 视频，最长 34 分钟飞行时间，还能无损竖拍，焦点跟随（智能跟随、兴趣点环绕、聚焦），配备大师镜头和延时摄影功能。

大疆 Mini 3 Pro

3.4.2　进阶级无人机

（1）大疆 Air 2s

Air 2s 是大疆 Air 系列无人机里的一款价格和功能适中的产品，消费群体也十分广泛。Air 2s 搭载 1 英寸（约 2.5 厘米）影像传感器，支持拍摄 5.4K 超高清视频，配备大师镜头，12 千米 1080P 图传，四向环境感知。

大疆 Air 2s

Air 2s 目前很适合预算有限但又想升级为相对专业的产品的用户，性价比高。

大疆 Air 2s 基础套装

（2）大疆 Mavic 3

Mavic 3 作为大疆航拍无人机中主打的旗舰机型，不论从定位还是功能上都可以说是进阶级无人机中相当好的。正如它的宣传口号"影像至上"一样，Mavic 3 在 Mavic 2 的基础上进行了全新升级，具备专业级影像性能，可拍出超高清超高帧率的画面。4/3 CMOS 哈苏相机、46 分钟飞行时间、全向避障、15 千米高清图传、高级智能返航等大大增强了拍摄的功能性，视频方面支持 DCI 4K/120fps 视频录制，10-bit D-Log 可记录多达 10 亿种颜色，不仅能更细腻地呈现天空色彩渐变层次，还能保留更多明暗细节，为后期制作提供宽广空间。这些参数无一不让这款无人机的拍摄效果显得更加出众。

大疆 Mavic 3

在飞行性能方面，Mavic 3 也十分出彩。最高可支持 6000 米的飞行高度，在无风环境下可以飞行 46 分钟，最大可抗 12 米 / 秒的风力。Mavic 3 搭配大疆 O3+图传，最远信号距离可达 15 千米，即便一般情况下，也能达到 8 千米的飞行距离图传信号不中断的优异表现。这里不得不提一句，在大疆的飞行测试项目中，Mavic 3 无人机成功从珠穆朗玛峰的顶峰升起，飞行至 9232.86 米的高度，一举打破了航拍无人机的最高飞行纪录。

大疆 Mavic 3 在珠穆朗玛峰顶起飞

大疆 Mavic 3 有基础套装、畅飞套装（DJI RC Pro）和 Cine 大师套装可供挑选。如果预算充足，可以选择购买包含带屏遥控器的畅飞套装（DJI RC Pro）、Cine 大师套装；如果资金有限又想拥有 Mavic 3，基础套装或者畅飞套装也是很好的选择。

大疆 Mavic 3 基础套装

大疆 Mavic 3 畅飞套装（DJI RC Pro）

（3）道通 EVO Ⅱ Pro

EVO Ⅱ Pro 作为道通主打的航拍无人机，在进阶级航拍无人机中占据一席之地。搭载索尼 2000 万像素超感光 CMOS 传感器，支持高达 6K 的视频分辨率，具备更大的动态范围、更强的噪点抑制能力、更高的帧率。相机配备了 f/2.8 ～ f/11 可调光圈，无论在明亮还是昏暗的光照环境中，拍摄者都能通过调节光圈获得出色的影像。9 千米高清远程图传，40 分钟的长续航时间，最高 8 级风的抗风能力，最快 20 米 / 秒的飞行速度，全向避障，还能搭配 Live Deck 2 进行现场投屏或者通过第三方 App 进行在线直播，与全世界共享美景。目前这款无人机对标的产品是大疆 Mavic 3。

道通 EVO Ⅱ Pro

3.4.3 专业级无人机

（1）大疆 Inspire 2

悟系列无人机一直是大疆主打的高端航拍无人机，其酷炫的外形让人过目不忘，可升降式的机臂结构充满科技感和艺术感。Inspire 2 无人机一直深受影视公司和专业剧组的青睐。

Inspire 2 与普通无人机不同，其每次飞行需要安装 2 块电池进行供电，有效飞行时间约为 25 分钟。Inspire 2 搭配大疆全新推出的禅思 X7 相机，最高可录制 6K CinemaDNG / RAW 和 5.2K Apple ProRes 视频。云台采用可拆卸式，可以更换镜头来满足不同的拍摄需求，目前支持禅思 X4S、禅思 X5S 和禅思 X7 镜头。以 X7 镜头为例，X7 可以搭配 16 毫米、24 毫米、35 毫米、50 毫米的大疆 DL 卡口镜头。动力系统也有着全面提升，飞行速度从 0 千米 / 时提高至 80 千米 / 时所需时间仅为 5 秒，最大飞行速度可达 94 千米 / 时，最大下降速度可达 9 米 / 秒，在拍摄一些有高速运动的镜头时，Inspire 2 发挥着重要的作用。FlightAutonomy 系统提供了关键传感器冗余和视觉避障能力。Spotlight Pro、动态返航点等多种智能拍摄、智能飞行功能，极大地拓展了创作空间。加之双频双通道图像传输、FPV 摄像头、新一代多机互联技术、广播应用等一系列升级配置，使 Inspire 2 变得非常强大。

大疆 Inspire 2

大疆 Inspire 2 适配的禅思镜头

（2）大疆 M600

大疆 M600 严格意义上来说不算是一款专门应用于影视领域的航拍无人机，它更像是一个大的无人机载荷平台，使用者可赋予其不同的含义和用途。M600 是一款六轴无人机，比常见的四轴无人机多了 2 个旋翼轴，更多的旋翼轴增加了它的载重能力。M600 需要同时安装 6 块电池才能起飞，最大载重量为 15.5kg，许多影视剧和综艺作品中的俯视镜头都是使用 M600 搭载单反相机和增稳云台来拍摄的，画质更佳。M600 在 6kg 负载状态下可飞行 15 分钟，飞行时长也限制了此款无人机的部分性能。

大疆 M600

第 4 章
无人机系统、配件与基本操作

　　操作航拍无人机是一项看似简单实则复杂的事情，过程中包含了许多细节和要点，并不是飞起来拍拍照就行了。

　　本章围绕飞行前期的注意事项以及实际操作中需要掌握的知识点进行讲解。通过阅读和学习本章的内容，大家会对航拍无人机的操作流程更加熟悉，在实际飞行中也会更加得心应手，从而朝着成为一名优秀航拍摄影师的目标更进一步。

　　本章将会详细介绍无人机系统所包含的内容与配件信息，以及如何激活无人机和进行固件升级。此外，本章还将介绍无人机部分配件的操作方式。

4.1　设备开箱与配件清点

当收到购买的无人机后，一定要开箱检查：首先查看外包装是否完好无损；其次拆开外包装，查看无人机的机身是否完好无损，配件和说明书是否齐全。如果无人机或配件有损伤，应该及时联系售后客服解决问题，如果放任不管可能会对以后的飞行埋下安全隐患。

如果购买的是大疆无人机，一般来说包装盒内会附带一张单独的设备清单，上面会详细列出无人机的配件及其数量。例如下图就是大疆 Mavic 2 的设备清单，清单上标注了序号和配件图片，开箱后缺失了哪些配件一目了然。这款无人机的手提箱内有多个分区，这种设计方便收纳设备及配件。

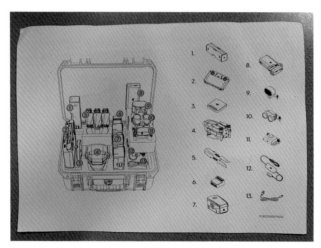

大疆 Mavic 2 设备清单

这张设备清单有很大的用处，建议好好保存。在外出航拍之前，按照设备清单上标注的顺序对设备逐一清点，检查配件是否携带齐全，可以避免在航拍时因为缺少某个配件（例如 SD 卡）耽误拍摄进度甚至无法拍摄。在一开始就养成核对清单的良好习惯并坚持下去，能够提升拍片效率。

如果购买的无人机的包装盒内没有这种设备清单，你可以根据自己的拍摄偏好自制一张设备清单。清单中需要列出的内容包括设备主体、遥控器、备用桨叶、储存卡、电池、充电器以及其他需要携带的配件及其数量。现在你不妨拿出纸笔或者打开计算机，试着跟我一起列出一张设备清单。

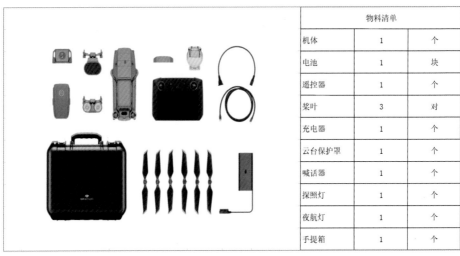

物料清单		
机体	1	个
电池	1	块
遥控器	1	个
桨叶	3	对
充电器	1	个
云台保护罩	1	个
喊话器	1	个
探照灯	1	个
夜航灯	1	个
手提箱	1	个

自制的设备清单

如果你觉得上述清单列起来很麻烦，可以效仿第一种图片清单，将常用的设备平放在桌子上，俯拍得到一张照片，将照片打印出来放在背包或手提箱内，每次出门前可逐一对照照片内容，这种方法比自制设备清单更简洁直接。

设备"全家福"

4.2　阅读说明书

阅读产品说明书是了解一款产品最直接、最有效的途径之一。无人机的说明书中详细介绍了该产品的性能、配件、功能以及如何正确安全地操作设备。因此，最好将产品说明书阅读一遍并保存好，以备不时之需。如果不小心丢失了纸质版说明书，也可以在网站上下载电子版说明书。

下面以 DJI Mavic 3 为例，演示在官网下载电子说明书的方法。

第一步：打开大疆官网，单击网页上端的"航拍无人机"，选择"DJI Mavic 3"。如果你的无人机是其他型号的，这里选择对应的产品。

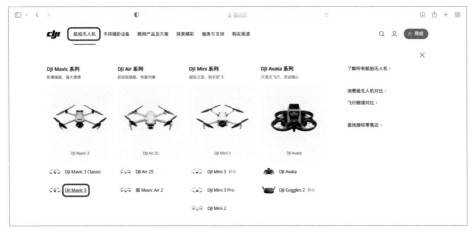

大疆官网

第二步：单击网页右上角的"下载"，进入下载界面。

单击"下载"

第三步：在文档中找到 DJI Mavic 3 的用户手册（这就是电子版说明书），单击蓝色的"pdf"下载，下载后会得到一个 pdf 格式的文档，然后就可以查看 DJI Mavic 3 的说明书了。

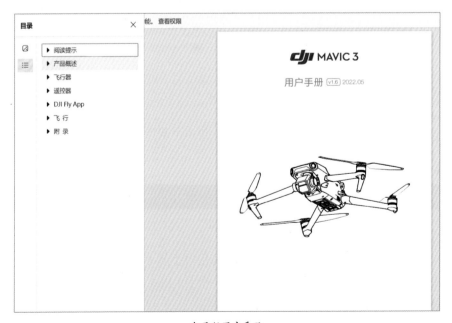

文档

DJI Mavic 3 - 用户手册 v1.6	2022-05-31	pdf ⚠
DJI Mavic 3 发布记录	2022-06-16	pdf ⚠
DJI Mavic 3 - 快速入门指南 (Cine) v1.0	2021-11-05	pdf ⚠
DJI Mavic 3 - 快速入门指南 v1.0	2021-11-05	pdf ⚠
DJI Mavic 3 - 安全概要 (Cine) v1.0	2021-11-05	pdf ⚠
DJI Mavic 3 - 安全概要 v1.0	2021-11-05	pdf ⚠
DJI Mavic 3 D-Log D-Gamut白皮书	2017-10-17	pdf ⚠
DJI Mavic 3 DJI Cellular 模块 (TD-LTE 无线数据终端) - 使用说明 v1.0	2022-02-10	pdf ⚠
DJI Mavic 3 D-Log FAQ	2022-05-31	pdf ⚠
DJI Mavic 3 D-Log to Rec.709 LUT 使用指南	2022-05-31	pdf ⚠

下载说明书文档

　　第四步：查看电子说明书。下载完成后，打开 pdf 格式的用户手册，可以看到用户手册中包含了阅读提示、产品概述、飞行器、遥控器、DJI Fly App、飞行和附录这七大板块，你可以有针对性地查看自己想要了解的重点。

目录　　　　　　　　　×　　能。查看权限

▶ 阅读提示
▶ 产品概述
▶ 飞行器
▶ 遥控器
▶ DJI Fly App
▶ 飞行
▶ 附录

dji MAVIC 3

用户手册 v1.6 2022.05

电子版用户手册

4.3　无人机的部件

首先来看下面这张图，这是一张常见的多旋翼无人机部件图。

多旋翼无人机部件图

（1）无人机螺旋桨；（2）无人机电机；（3）无人机机臂（电调）；（4）无人机航向灯；（5）无人机脚架；
（6）无人机云台镜头；（7）无人机前视避障；（8）无人机电池；（9）无人机机身

下面针对每个部件进行详细的讲解。

（1）无人机螺旋桨

无人机设备共有 4 副螺旋桨，其中 2 副为正桨，上面标注有 CCW 字样，俯视下螺旋桨会沿逆时针方向旋转；另外 2 副为反桨，上面标注有 CW 字样，俯视下螺旋桨会沿顺时针方向旋转。桨叶外形采用两两相对的设计，可以通过外观进行区分。桨叶的材质有塑料、轻木、碳纤维等，其中最常见的是塑料桨叶。在使用无人机之前需要多加观察，如果桨叶出现破损和裂痕需及时更换，否则会有"炸机"隐患。

螺旋桨都安装在电机卡扣上，在安装螺旋桨的时候，在俯视角度下，第一个安装右上角的正桨，第二个安装左上角的反桨，按逆时针的顺序依次安装，每个正桨和反桨都两两相对间隔安装，六旋翼和八旋翼无人机也遵循这种方法安装桨叶。

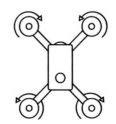

多旋翼无人机的正反桨　　　　　　　桨叶旋转示意图

（2）无人机电机

电机是驱动螺旋桨旋转的重要动力结构，电机和螺旋桨一样，需向正确的方向转动，无人机才可以正常起飞和飞行。目前成品无人机都预设好了电机的旋转方向，无须人工调试。以前航模上的电机多需要手动调试转向，将三根电源线的

任意两根进行对换即可改变转向。而现在的无人机都使用外转子无刷电机，其结构简单，坚实耐用，但多数电机的金属线圈部分都是裸露在空气中的，导致防雨性、防尘性很差或者基本没有。在操作无人机的时候，为了避免电机出现故障，尽量避免在下雨天和有浮尘碎石的环境中起飞。

无刷电机

（3）无人机机臂（电调）

机臂是无人机搭载电机的部件，多旋翼无人机机臂又称旋翼轴，有几个旋翼轴就代表是几旋翼无人机。在使用机臂过程中需要注意：如果是折叠式无人机，需要确认机臂连接处是否到达正确的限位；如果是卡扣式机臂设备，则需要确认卡扣是否紧固，避免出现机臂位置不准确或卡扣松动造成无人机掉落的危险情况。

电调和电机都属于动力系统的部件，全称是电子调速器（ESC）。其主要的功能有：将电池输出的直流电变交流电、降压给电机供电、调节电机转速。现在的电调都内置或集成于主控板上，无法通过观察机身直接看到，它是无人机不可或缺的重要部件。

无人机机臂

无人机电调

（4）无人机航向灯

航向灯是判别空中无人机的机头、机尾方向的一个重要参考依据，两个前机臂上有 2 个前航向灯，后机臂上有 2 个后航向灯。在空中飞行或悬停的时候，前航向灯常亮，后航向灯闪烁。

无人机航向灯

（5）无人机脚架

右图中的无人机采用的是简化脚架的设计，使得无人机重心放低，可以减小无人机的尺寸和降低结构的复杂程度，目前主流的折叠式无人机都使用此类脚架设计。但如果无人机下方挂载重物吊舱或大型的云台增稳设备，则需要长度合适的脚架，这种脚架在一些老款无人机中很常见，例如精灵系列和 M600 系列。

带有长款脚架的无人机

（6）无人机云台镜头

云台镜头是由云台和镜头这两个部件组成的。云台是连接机身和镜头的部件，它的主要作用是让镜头变得稳定。常见的云台分为两轴稳定云台和三轴稳定云台。前者只在 X 和 Y 轴让镜头保持稳定，可以实现水平（左右）和俯仰（上下）动作稳定。后者则是在 X、Y、Z 轴三个维度让镜头保持稳定，可以实现水平（左右）、俯仰（上下）、航向（水平平移）动作稳定，因此后者的增稳效果更好。目前市面上主流的航拍无人机都采用的三轴稳定云台的结构，只有一些价格较为便宜的入门级航拍无人机采用两轴稳定云台的结构。在购买无人机的时候也需要多加关注，尽量买一台具有三轴稳定云台的无人机。

镜头是整个航拍无人机的关键部件，它的好坏直接关系到无人机的定位和价格。无人机镜头的性能可以通过 CMOS 的大小和有效像素的大小来进行排序，例如大疆 Mavic 3 搭配的镜头就有 4/3 COMS，有效像素 2000 万，相较于同像素里 1 英寸（约 2.5 厘米）的 CMOS 或 1/2 CMOS 传感器的镜头来说，可以拍摄出更高清的照片和视频。

具有三轴稳定云台的相机镜头

无人机镜头

（7）无人机前视避障

随着无人机技术的日渐成熟，无人机在空中的安全性能也是开发工程师非常关注的问题。在近些年推出的无人机中，开发工程师开始不断加入和升级避障模块这个功能，使得无人机在飞行过程中可以有效避免许多不必要的碰撞危险。现在无人机都会加装避障传感器，具备上、下、左、右、前、后 6 个方向的避障能力，在检测到障碍物的时候会根据预设的避障距离刹车悬停，避免撞向障碍物。不过，在飞行过程中不能通过避障模块规避光滑的玻璃、电线、树枝、风筝线等物体，所以避障功能并不是万能的，飞手还需要根据经验去更好地规避风险。

无人机前视避障模块

（8）无人机电池

无人机电池是给整个无人机动力系统及飞控系统提供电力的部件。目前无人机的电池基本都具备智能充放电的功能，在满电或电量大于储存模式电量的状态下，空闲放置时间超过最长储存时间（一般可设置为 3 ～ 10 天），电池就会自动放电至储存电量，该功能可以很好地延长电池寿命。电池如果一直满电存放而不使用、不放电，就会鼓包导致故障。在无人机的日常保养中，需要定期检查电池电量，遇到充满电后存放了较长时间，电池自动释放至储存模式电量时，需要先将电池的电量消耗完再充电，因为直接在电池智能放电后给电池充电，反复如此操作会加速电池寿命衰减和性能降低。

（9）无人机机身

机身是无人机的主体，是搭载各个感知设备、动力系统、飞控系统的中心部件。机身多采用塑料材质来减轻无人机自身的重量以获得更长的续航时间。一体化的设计也使得机身具有更好的流线型外观和气动性，对于飞行也有相应的提升。

无人机电池

一体化的机身设计

4.4　下载 App、激活无人机与升级固件

无论何种品牌、何种型号的无人机，都需要激活，也都会遇到固件升级的问题。升级固件可以帮助无人机修复漏洞，提升飞行安全性能。由于国内大多数航拍无人机用户购买的都是大疆产品，因此本章主要以大疆无人机为例进行讲解。

这里以 DJI RC-N1 这款标配遥控器为例，演示下载 DJI Fly App 和激活无人机进行固件升级的步骤。

DJI Fly App 是大疆开发的一款用来操控大疆无人机的飞行软件。

DJI Fly App

如果你使用的是不带屏幕的大疆普通遥控器，例如 DJI RC-N1，则需要在手机应用商城里搜索并下载 DJI Fly App，然后将手机和遥控器连接，让手机屏幕充当遥控器屏幕。如果你使用的是大疆带屏遥控器，例如 DJI RC 或 DJI RC Pro，则可以直接在遥控器上打开 App。

DJI RC-N1 遥控器

DJI RC 带屏遥控器

DJI RC Pro 带屏遥控器

下载完成后，在手机上打开 DJI Fly App，进入登录界面，输入账号和密码进行登录。

DJI Fly App 登录界面

登录后的主界面如下图所示。点击主界面右下角的"连接引导"按钮，可以查看各机型的遥控器如何连接手机。

DJI Fly 主界面 1

对于 DJI RC-N1，首先要给电池和遥控器充电，以激活电池，将充满电的电池装入无人机中。

接下来取出遥控器的摇杆并安装。

取出遥控器摇杆

安装摇杆

短按一次，再长按遥控器和无人机上的电源按键，以开启遥控器和无人机。

开启遥控器

开启无人机

拔出遥控器转接线，连接手机。

拔出遥控器转接线

连接手机

完成以上几步后，即可开始激活无人机和升级固件。在手机上打开 DJI Fly App，根据屏幕上的指示完成激活操作。如果使用的是带屏遥控器，可以直接在遥控器上激活无人机。

点击"激活"按钮

点击"同意"按钮

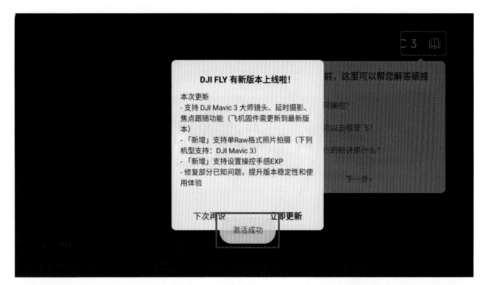

激活成功

当屏幕左上角出现固件升级提醒时，点击该提醒右侧蓝色的"更新"，系统会自动开始更新。在升级过程中注意不要断电或退出 App，否则可能导致无人机系统崩溃。尽量让遥控器和无人机的电量保持在三格以上，手机电量保持在 50%以上。

点击"更新"

点击蓝色的"详情"，可以查看更新进度。

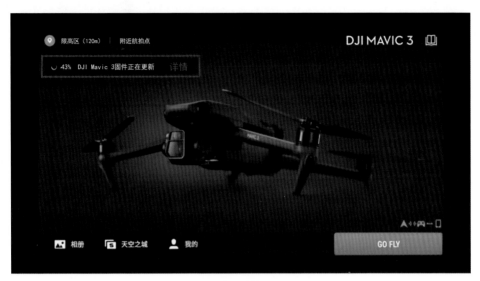

点击"详情"

更新进度界面

固件更新成功后会有提示。

固件更新成功

简单几步完成无人机激活和固件升级的操作后，就可以开始使用无人机啦!

4.5 App 界面功能分布

在手机上打开 DJI Fly App，主界面如下图所示。

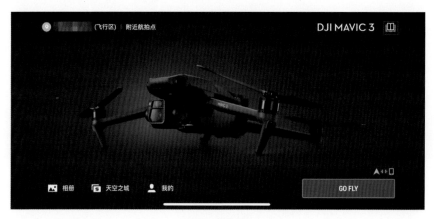

DJI Fly 主界面 2

主界面左上角显示的是当前的位置信息以及"附近航拍点"。该功能对航拍位置的选择有着非常高的参考价值，建议在平时多打开看一下。

点击"附近航拍点"，它会显示你周边的推荐航拍点，这些位置都是由其他航拍用户拍摄并上传的，方便用户与他人交流和分享机位。部分航拍点会以图册的方式呈现，点击进去可看在此处能拍到怎样的风景，里面还有飞行管制等现场情况的标签，你可以根据下面的标签及评论信息综合评判相应航拍位置的情况。如果你是一个乐于分享的人，你也可以将你发现的新机位和飞行心得与他人分享。

主界面右上角是"大疆学堂"。

点击"大疆学堂"，选择你的无人机型号，系统会推荐相应的教程供你学习参考。

选择无人机型号

"大疆学堂"界面

主界面左下角的三个图标分别是"相册""天空之城""我的"。

点击"相册"，进入"飞机图库"界面，可以看到航拍的照片和视频。

"飞机图库"界面

点击"天空之城"，可以登录天空之城社区，查看与航拍相关的内容。

点击"我的"，进入"我的"界面，可以登录自己的 DJI 账号，以便记录飞行时长、飞行距离等信息。在"我的"界面当中，可以看到右侧的菜单栏中有论坛、商城、找飞机、服务与支持、设置选项，对应可查看论坛信息、进入大疆商城、寻找无人机信号源、咨询线上售后服务和设置参数。

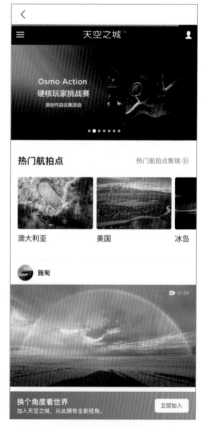

"天空之城"界面

"我的"界面

点击主界面右下角的"GO FLY"按钮，可进入飞行界面。在你购买的时候无人机默认是对过频的（无人机和遥控器信号绑定称为对频），如果你需要更换操作其他设备，则需要解除对频，再点击"连接指导"按钮，选择 App 适配的无人机款式进行对频。开启遥控器，通过数据线连接手机和遥控器，并按照屏幕上的连接指导进行操作。

提示：DJI Fly App 可适配 DJI Mavic 3、DJI Avata、DJI Mini 3 Pro、DJI Air 2S、DJI FPV、DJI Mini 2、Mavic Air 2、Mavic Mini、DJI Mini SE 共计 9 款机型，其余机型需在官网找到对应的 App 进行下载并连接。

连接指导

连接成功后，打开 App，进入飞行操作界面。此界面是操控无人机时最常用的界面。

飞行操作界面

（1）飞行挡位：显示无人机目前的飞行挡位信息。

（2）飞行器状态显示栏：显示飞行器目前的状态以及各种警示信息。例如软件版本需要升级更新，点击可查看。又如无人机在飞行过程中遇到大风时，飞行器状态显示栏会提示风大危险，提示飞手注意无人机安全。

（3）从左至右分别是电池剩余电量百分比、剩余可飞行时间（参考）、图传信号强度、视觉系统状态、GNSS 状态。

电池剩余电量百分比显示目前无人机剩余的电池电量的百分比，在飞无人机的时候需参考无人机距离返航点的高度和位置，合理安排电量。

剩余可飞行时间（参考）显示根据当前电量预计的剩余可飞行的时间。

图传信号强度显示当前图传信号的强度，以柱状图的形式呈现。在操作无人机时，需保持图传信号良好。如果图传信号差或中断，遥控器影像也会卡顿和中断。

视觉系统状态显示无人机六向避障的情况，如有障碍物靠近无人机，会有对应位置的避障模块进行报警提醒。

GNSS 状态显示的是无人机搜集卫星的颗数：数量越多，无人机定位越准确；数量越少，则代表定位信号越差，无法刷新无人机实时位置，无法确定起飞点和降落点。

（4）系统设置：包含安全、操控、拍摄、图传和关于界面。后面会详细讲解系统设置里的功能应用。

（5）自动起飞 / 降落 / 智能返航：点击展开操作面板，可以选择让无人机自动起飞降落和执行自动返航功能。

（6）地图：可点击切换不同大小的界面，放大或缩小飞行地图。

（7）飞行状态参数：D××m 显示的是飞行器与返航点水平方向的距离，H××m 显示的是飞行器与返航点垂直方向的距离，左侧 ××m/s 显示的是飞行器在水平方向上的飞行速度，右侧 ××m/s 显示的是飞行器在垂直方向的飞行速度。

（8）从上到下分别是拍摄模式、拍摄按钮、回放。拍摄模式中包含录像、拍照、大师镜头、一键短片、延时摄影、全景功能，后面会进行针对性讲解。点击拍摄按钮可触发相机开始 / 结束拍摄。点击回放可查看已拍摄的视频及照片。

（9）相机挡位切换：拍照模式下，支持切换 AUTO 和 PRO 挡，不同挡位下可设置不同参数数值。

熟悉主界面的功能选项以后，就可以开始进行系统设置了。系统设置界面几乎包含了所有需要调节的参数和功能。点击"…"图标，进入系统设置界面，可以看到"安全""操控""拍摄""图传""关于"五大菜单。

4.5.1　安全菜单

安全菜单包括辅助飞行、虚拟护栏、传感器状态、电池、补光灯、前机臂灯、飞行解禁、找飞机以及安全高级设置。

在辅助飞行功能里，可设置无人机遇到障碍物时是选择绕行、刹停还是不做动作，这里建议选择"刹停"选项。"显示雷达图"根据需要打开或关闭即可。如果你是无人机飞行的新手，建议打开该功能。

辅助飞行

虚拟护栏又称电子围栏，可以在其中设置无人机的最大飞行高度、最远飞行距离和返航高度。根据自己需求来设置最大高度和最远距离，设置好数值后无人机飞行将无法突破这个数值，这可以保护无人机，避免无人机在失控情况下飞丢。返航高度需根据当地实际情况来设置，例如在城市区域飞行需将返航高度设置在80～120米，避免无人机返航过程中撞到障碍物。在飞行前建议查看一遍这些数据，避免设置错误数值影响飞行。

虚拟护栏

　　传感器状态显示指南针和IMU的状态是否正常，如有问题，例如指南针需校准，点击"校准"，根据图像提示进行校准，成功后会有提示。

传感器状态

使用"电池信息"功能可以查看当前电池的具体信息，包括电池电压、电池温度、电芯状态以及电池循环次数等信息。

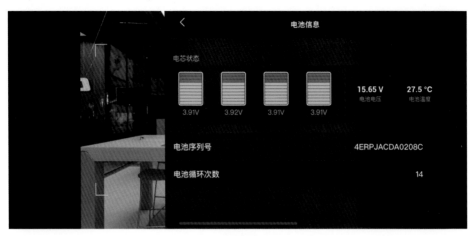

电池信息

补光灯是安装在无人机机身底部的灯。建议将"补光灯"功能调至"自动"挡位，该功能会在环境光较暗的情况下自动开启灯光，保障降落的安全。

建议将"前机臂灯"功能调至自动模式。这样一来，在拍摄时前机臂灯将自动熄灭，保障拍摄效果；返航时前机臂灯再亮起，保证夜间黑暗的环境下飞行的视觉安全。

要使用"飞行解禁"功能，可以根据飞行需要提交解禁申请，具体根据现场情况按步骤操作即可。

"找飞机"功能可以帮助我们在地图模式下寻找丢失信号的无人机。使用这个功能的前提是无人机的供电正常，如果无人机处于断电或没电的情况，或者电池摔出电池仓，抑或是无人机掉入水中，则此功能无法正常使用。无人机信号丢失后，可利用此功能借助 GPS 寻找飞机，点击"启动闪灯鸣叫"后，无人机将闪灯和发出蜂鸣声，可以提升找到的概率。在信号较差区域飞丢无人机后，也会因 GPS 信号差无法定位飞机。

在"安全高级设置"功能里可以设置无人机失联行为和空中紧急停桨。建议将"飞机失联行为"设置成"返航"模式，这样万一无人机在飞行过程中丢失了信号，还有很大可能性会自己飞回起飞点。

前机臂灯

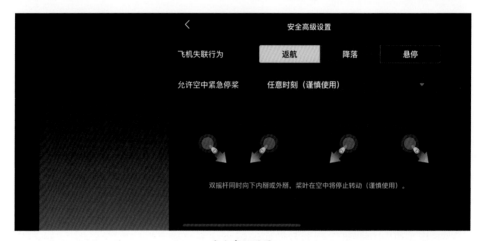

安全高级设置

4.5.2　操控菜单

操控菜单中包括飞机、云台和遥控器的设置。里程单位默认选择"公制（m）"即可。云台模式可以选择"跟随模式"。

操控界面 1

　　向下滑动操控界面，点击"云台校准"可以选择手动或自动校准。点击"云台高级设置"可以调整俯仰速度、俯仰平滑度等的数值，具体根据自己的操作习惯来调整即可。点击"摇杆模式"可以选择日本手、美国手、中国手或自定义模式。

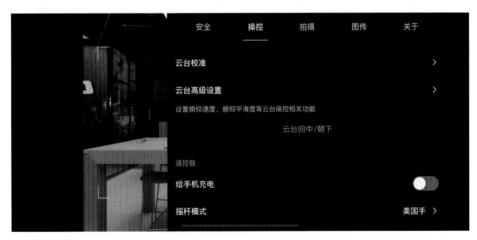

操控界面 2

云台校准

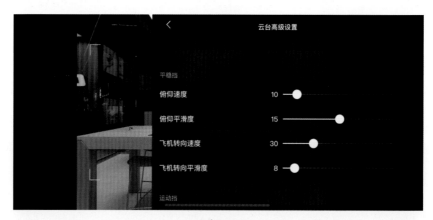

云台高级设置

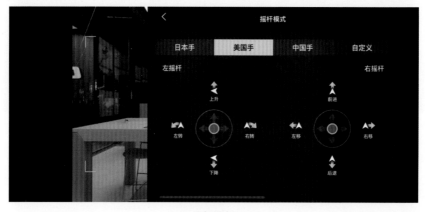

摇杆模式

继续向下滑动操控界面，可以设置"遥控器自定义按键""遥控器校准""遥控器高级设置"相对应的功能。其中，遥控器校准是对遥控器进行校准，一般不需要用到此功能；而在遥控器高级设置中可以设置摇杆的曲线值，建议有一定飞行经验的飞手做适当调整。

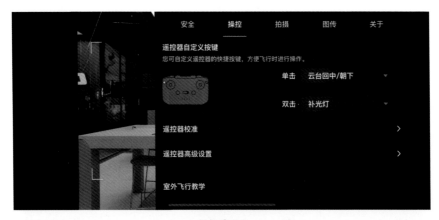

操控界面 3

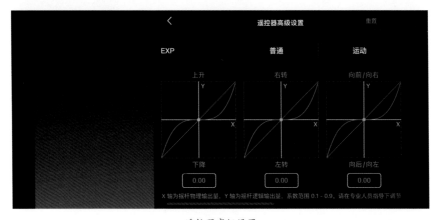

遥控器高级设置

4.5.3　拍摄菜单

　　拍摄菜单中包括拍照、通用等参数设置，主要针对无人机的拍照和录像功能进行相关参数及辅助功能的调整。

如果你是一名较为专业的航拍爱好者，建议将"照片格式"设置为"JPEG+RAW"，RAW格式的照片宽容度更高，方便后期修图。

"照片尺寸"根据需要自行选择"4∶3"或者"16∶9"即可。

"抗闪烁"功能主要是为了消除城市灯光对画面造成的影响，默认选择为"自动"。

"直方图"功能可选择开启或关闭，建议开启，以便拍摄时提供画面亮度参考。

"过曝提示"是对画面中存在的过曝情况进行提醒，可根据需要选择打开或关闭。

"辅助线"功能里可选择三种不同样式的辅助线，使用辅助线对构图有很大帮助。

"白平衡"可以选择"自动"或"手动"，建议选择"自动"模式。

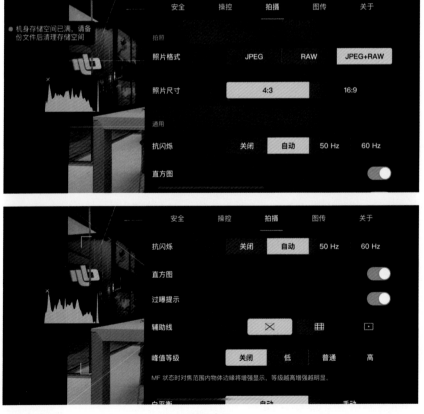

拍照界面

4.5.4　图传菜单

在图传菜单中可以设置直播平台、图传频段和信道模式，一般来说不需要设置。"信道模式"默认为"自动"，遥控器会根据信号最优的方法自动选择信道，下面的折线图也会显示信道的信号强度。

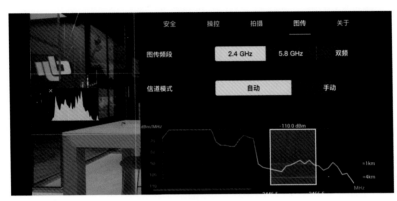

图传界面

4.5.5　关于菜单

在关于菜单中可以查看无人机的信息。设备名称可以自行更改，你可以编辑一个专属于自己的个性名称。你可以根据系统的提示更新飞机固件和遥控器固件。下面的其他信息都不可更改，查看了解即可。

关于界面

	安全	操控	拍摄	图传	关于
App版本					1.7.4
电池序列号					N/A
飞机序列号					N/A
飞控序列号					
遥控器序列号					
相机序列号					

关于界面（续）

4.6 学会使用遥控器

航拍无人机的飞行动作和拍摄功能都是通过操控遥控器实现的。在遥控器上，我们可以操控无人机的起飞、降落、悬停、升高、降低、转向、前进、后退等动作，也可以使用拍照录像功能、查看地图、查看飞机信息等。

一般来说，无人机遥控器分带屏遥控器和普通遥控器两种。

带屏遥控器

普通遥控器

在学习如何使用遥控器之前，先要了解遥控器的外观和按键，以及各个摇杆和按键的功能。

4.6.1 带屏遥控器

以 DJI RC Pro 遥控器为例，这款遥控器带有彩色高清显示屏，可适配 DJI Mavic 3 无人机。

DJI RC Pro 遥控器注释图

① 天线：遥控器的天线传输飞行器控制和图像无线信号，也就是我们常说的图传和数传。无线信号可用 2.4G 和 5.8G 两个频段传输。

② 返回按键：单击返回上一级界面，双击返回主界面。

③ 摇杆：可拆卸，负责操控无人机飞行的动作。在 DJI Fly App 中可设置摇杆操控方式。

④ 智能返航按键：长按 3 秒以上可以使无人机智能返航，再短按一次可取消返航指令。

⑤ 急停按键：短按 1 秒可使无人机急刹并悬停，在执行航线任务中，也可按此按键暂停航线任务（GNSS 或视觉系统生效时可执行）。

⑥ 飞行挡位切换：遥控器上可切换 C、N、S 三个挡位，三个字母分别对应平稳（Cine）、普通（Normal）、运动（Sport）三个模式。

⑦ 五维按键：主要功能是设置功能快捷按键，可在 App 内设置功能。查看路径为：相机界面—设置—操控。

⑧ 电源按键：遥控器的开关键。短按 1 秒再长按 3 秒开启遥控器，关机的方式相同。短按可切换亮屏和息屏。

⑨ 确认按键：确认选择的功能。

⑩ 可触摸显示屏：可点击屏幕进行操作。使用屏幕时应注意防水，避免水滴溅到屏幕上。

⑪ Micro SD 卡槽：可插入 Micro SD 卡。

⑫ USB-C 接口：与手机的 Type-c 接口相同，是遥控器的充电接口，用

USB-C 线插入接口可为遥控器充电。

⑬ Mini HDMI 接口：接口输出 HDMI 信号至 HDMI 显示器。

⑭ 云台俯仰控制拨轮：用于调节云台俯仰角度。

⑮ 录影按键：按此按键可开始和停止录像。

⑯ 状态显示灯：显示遥控器的系统状态。

⑰ 电量显示灯：显示当前遥控器电池电量。

⑱ 对焦 / 拍照按键：半按可自动对焦，全按可拍摄照片。

⑲ 相机控制拨轮：控制相机变焦。

⑳ 出风口：用来给遥控器散热。

㉑ 摇杆收纳槽：用于放置摇杆。

㉒ 自定义功能按键 C1：可自行编辑快捷功能，默认为云台回中 / 朝下切换功能。

㉓ 扬声器：用于输出声音。

㉔ 自定义功能按键 C2：可自行编辑快捷功能，默认补光灯功能。

㉕ 入风口：用于给遥控器散热。

4.6.2 普通遥控器

以 DJI RC-N1 遥控器为例，它与带屏遥控器的功能相似，最主要的区别就是没有高清显示屏，需要与手机连接，将手机屏幕充当显示屏。

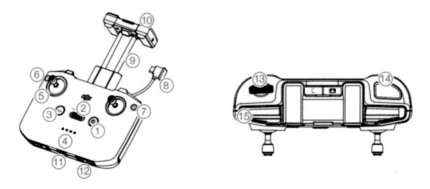

DJI RC-N1 遥控器注释图

① 电源按键：遥控器的开关键。短按 1 秒再长按 3 秒开启遥控器，关机的方

式相同。短按可切换亮屏和息屏。

②飞行挡位切换开关：用于切换 C、N、S 三个挡位，三个字母分别对应平稳（Cine）、普通（Normal）、运动（Sport）三个模式。

③急停按键：短按 1 秒可使无人机急刹并悬停，在执行航线任务中，也可按此按键暂停航线任务（GNSS 或视觉系统生效时可执行）。

④电量显示灯：显示当前电量。

⑤摇杆：可拆卸，负责操控无人机飞行的动作。在 DJI Fly App 中可设置摇杆操控方式。

⑥自定义按键：可通过 DJI Fly App 设置该按键功能。默认单击控制补光灯、双击使云台回中或朝下。

⑦拍照 / 录像切换按键：短按一次切换拍照或录像模式。

⑧遥控器转接线：分别连接移动设备接口与遥控器传接口，实现图像和数据的传输。转接线接口可根据移动设备接口类型自动更换。

⑨移动设备支架：用于放置移动设备。

⑩天线：用于传输飞行器控制和图像无线信号。

⑪充电 / 调参接口（USB-C）：用于遥控器的充电和调参。

⑫摇杆收纳槽：用于放置摇杆。

⑬云台俯仰控制拨轮：用于调节云台俯仰角度。按住自定义按键并转动云台俯仰控制拨轮可在探索模式下调节变焦。

⑭拍摄按键：短按拍照或录像。

⑮移动设备凹槽：用于固定移动设备。

4.6.3　摇杆控制方式

遥控器摇杆很重要，它负责控制无人机的起飞、降落，以及在空中的动作。无人机起飞、降落、前进、后退、向左移动、向右移动和旋转等动作，都是通过控制遥控器的两个摇杆来实现的。

常用的几种摇杆模式有美国手、日本手、中国手和自定义，这四种模式的区别就在于左右两个摇杆的功能定义不同。建议初学者使用美国手作为操控方式。

以美国手为例：上下拨动左摇杆可以控制无人机的上升和下降；左右拨动左摇杆可以控制无人机机头的左转和右转，也就是航向角的左转和右转；上下拨动右摇杆可以控制无人机的前进和后退；左右拨动右摇杆可以控制无人机的左移和右移。

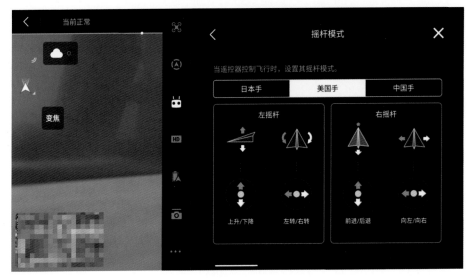

美国手操作方法

日本手的操作方法详见下图。

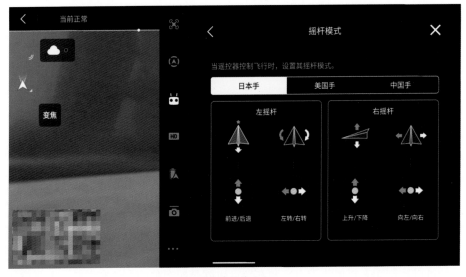

日本手操作方法

中国手的操作方法详见下图。

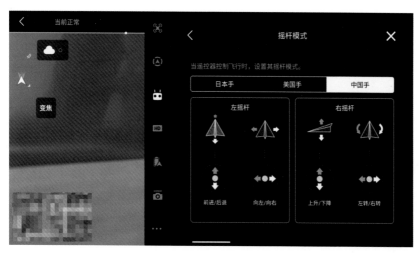

中国手操作方法

　　不难看出，在操控无人机的时候，大多数飞行动作都需要通过同时操作两个摇杆来实现。也就是说，你需要同时用左手和右手操作，只有勤加练习双手的配合，才能熟能生巧。所以控制遥杆也是一项技术活，哪怕在操控摇杆的过程中只是稍微用力了一点点，飞行动作的精确度都会下降。

4.7　模拟飞行

　　你知道吗？除了无人机实操以外，在计算机上就可以进行模拟飞行训练。模拟飞行具有成本低、安全性高、可反复重新开始、不受天气等因素限制等优点，是最适合无人机航拍新手的零成本练习方式之一。为什么这么说呢？因为当你还不具备足够的飞行技能时，遇到危险情况和特殊情况时可能无法第一时间安全操控无人机，难以躲避危险，很容易造成"炸机"事故，还有可能砸到行人、车辆、房屋等。但是当你在计算机上练习飞行一段时间之后，你就会形成肌肉记忆，再去操控无人机就变得容易多了。

　　提供模拟飞行训练的网站有很多，大疆的飞行时刻就是其中一个。在飞行时刻的首页，可以看到"一键试飞"和"进阶教学"两个按钮。

飞行时刻

4.7.1 初阶飞行

单击"一键试飞"按钮，就可以进入模拟飞行页面。

单击"一键试飞"按钮

在进入模拟飞行页面的过程中，屏幕上会出现键盘功能示意图。因为模拟飞行是需要通过键盘按键来控制的，所以我们需要先熟悉键盘的按键功能。

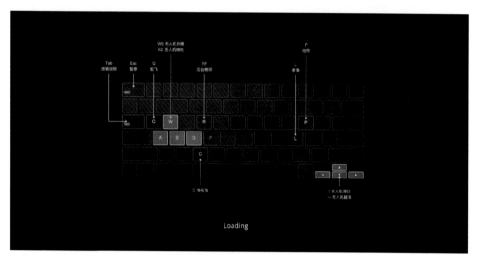

键盘功能示意图

几秒之后，网页会自动跳转到下一页面，引导你如何起飞虚拟无人机。你只要跟着提示内容往下操作，就可以让虚拟无人机飞起来。

启动螺旋桨并起飞

启动螺旋桨并起飞（续）

顺利将无人机飞起来之后，页面会继续引导你进行位置移动。

现在你已经掌握如何简单移动无人机了，甚至你也学会了如何操控组合动作，无人机会根据你的指令向着预定的方向移动。

位置移动教学

位置移动教学（续）

接下来我们来学习如何切换视角。现在你看到的是第三人称视角画面，但是在实际飞行中我们是无法用这个视角观察无人机的，这时你只需要根据提示切换成第一人称视角就可以看到和遥控器屏幕上一样的画面了。

第三人称视角

如果你继续按 C 键，就会切换到模拟人眼视角。模拟人眼视角最大限度地还原了在户外飞无人机的感觉，尽管你是在键盘上模拟操控遥控器摇杆的，但是页面上的遥控器摇杆位置也会出现相应的变化，这种仿真形式可以帮助你快速领悟动作要领。

第一人称视角

模拟人眼视角

　　到这里初阶的模拟飞行训练就告一段落了，你不仅可以在"飞行时刻"网站上练习飞行动作，熟悉遥控器的使用方法，还可以在网站上进行简单的构图练习，学会如何以最快的速度调整无人机位置来找到合适的机位。当然，此网站也非常贴心地加入了"炸机"体验，你的虚拟无人机撞到了障碍物后，也会像真实世界里的无人机一样掉落摔坏。你体验了虚拟"炸机"的感觉，就会自觉养成安全飞行无人机的习惯，在户外飞行无人机时就会更加谨慎。

模拟真实"炸机"

4.7.2 进阶飞行

单击"进阶教学"按钮，可以进入进阶教学页面，在这里你能够对进阶飞行动作进行针对性的训练。学完本小节内容以后，你就可以非常熟练且自如地操控你的无人机了。

单击"进阶教学"按钮

在进阶教学页面中，我们可以看到场景发生了变化，从广阔的城市变到了一个房间内，地面上有一个 H 标志，你的虚拟无人机就停在此处。相信很多了解飞机的人都知道字母 H 代表的是停机坪，在现实生活中，许多带有停机坪的酒店顶楼以及游艇甲板上都会出现 H 标志。最开始的练习和"一键试飞"一样，都是练习无人机起飞。

进阶教学页面

接下来根据提示进行一系列的进阶无人机操作练习。首先练习位置移动，将无人机按照指示飞到蓝色荧光区域。

上下位置移动练习

上下位置移动练习（续）

下面是航向角的旋转练习，根据提示操作，操作完成后页面上会显示绿色荧光。

航向角的旋转练习

完成航向角的旋转练习之后，紧接着练习无人机分别向前、后、左、右移动，按照提示完成即可。

向前方移动

向后方移动

向左侧移动

向右侧移动

　　完成上一步后，页面会提示你将无人机降落回 H 点。结合前后左右位置移动和降落的组合操作将无人机降落至指定区域，本关便顺利通过。

降落练习

到这里第一关的练习就结束了。细心的读者应该能发现，第一关练习用到的摇杆模式是美国手，摇杆的训练顺序是从左手到右手，分别是左手的上下、左手的左右、右手的上下、右手的左右。

第二关练习的是一些拍摄技巧，第一个动作是切换相机画面。

切换相机画面

切换相机画面（续）

相机画面切换完成后，页面会引导你拍摄一个自拍画面。根据页面提示进行操作，先让虚拟无人机旋转一周，然后调整云台的角度，将相机对准飞手，之后再根据引导拍摄一张飞手的照片，并录制一段视频。

让无人机旋转一周

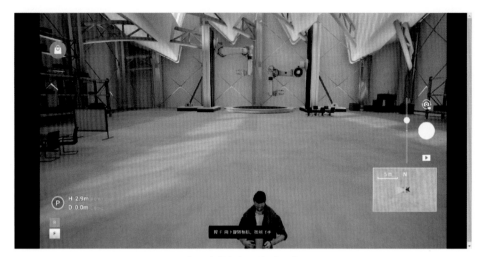

向下旋转相机，找到飞手

向上旋转相机，将相机对准飞手

拍摄一张照片

录制一段视频

　　恭喜你，到这里你已经通过了第二关的练习，掌握了航拍的动作技巧。你可以将无人机的飞行动作和云台角度调整这两种操作结合在一起，捕捉美丽的景色，并根据需要按下拍摄快门或按下录像开关。

　　下面进入进阶训练的最后一关——熟悉无人机的三种飞行模式，即 P 模式、S 模式和 A 模式。

　　P 模式又称为定位模式，使用 GPS 或视觉系统进行定位。在 P 模式下，无人机会开启 GPS 功能，可实现悬停和急刹。当你停止控制遥控器摇杆的时候，无人机会自动修正位置并保持悬停状态。

P 模式

S 模式又称为运动模式，和 P 模式一样可以定点悬停和自动刹车，只是无人机在 S 模式下的速度上会比 P 模式更快一些，所以在使用 S 模式的时候要多注意安全。

S 模式

A 模式又称为姿态模式，无法准确定位，仅有姿态增稳。也就是说，A 模式既没有 GPS 功能，也没有自动悬停的功能，无人机在 A 模式下会随着上一个动作指令或风向自由移动，仅保持高度不变。

A 模式

熟悉以上三种飞行模式后，就可以开始进行模拟练习了。P 模式和 S 模式的练习都是简单的位置移动练习，A 模式是最难操控的模式，它的练习被设置为"毕业考试科目"。在 A 模式的训练中，你需要将虚拟无人机飞到指定区域，并保持数秒悬停。如果你能够在 A 模式下控制住无人机，其他两个模式的练习对你来说非常容易。好了，快来挑战一下自己，完成"毕业考试"吧！

A 模式训练

当你顺利完成初阶飞行练习和进阶飞行练习后，可以尝试到户外进行无人机的实操训练，尽量寻找一个空旷的地方进行练习，在起飞、飞行和降落的过程中都要注意空中的电线等物体，毕竟老话说得好：小心驶得万年船。

第 5 章
无人机的参数设置和模式选择

　　使用无人机航拍时，不同的环境下需要设置不同的拍摄参数以及拍摄模式。下面以 DJI Fly App 为例，演示如何设置拍摄参数，帮助用户拍出更好看的照片和视频。

5.1　快门

快门的主要作用是控制相机的曝光时间长短。快门速度的单位是 s（秒），以数字大小来表示，一般有 30 s、15 s、1 s、1/2 s、1/4 s、1/8 s、1/15 s、1/30 s、1/100 s、1/250 s、1/500 s、1/1000 s 等。数值越大，快门速度越快，曝光量就越少；数值越小，快门速度越慢，曝光量就越多。

一般来说，拍摄高速移动的物体时，需要将快门速度设置得更快一些（小于 1/250 s），这样可以将运动中的物体拍摄清楚，避免画面出现重影和细节模糊的情况。

快门速度对画面清晰度的影响

高速快门可以捕捉运动主体瞬间的静态画面，例如绽放的烟花、飞行的鸟、激荡的瀑布、飞驰的车辆等。下图是一张利用高速快门拍摄的立交桥照片，快门速度是 1/200 s，桥上的汽车轮廓清晰，没有拖影。

利用高速快门拍摄的立交桥

利用慢速快门可以拍摄出流光溢彩的拖影效果，也就是俗称的慢门拍摄。此方法特别适合拍摄高架桥和立交桥上川流不息的汽车。找一个合适的夜晚，将快门速度设置为低于1 s，在固定机位进行稳定拍摄，即可拍出有"连续"美感的光轨照片。

慢门拍摄的立交桥

通过以上两张图片的对比，我们可以清楚地看到不同的快门速度对画面的影响。拍摄不同场景时，只有设置了适合该场景的快门速度，才可以将一幅看似普通的画面拍得生动好看，展现出应有的美感。

在 DJI Fly App 的飞行界面中，我们可以看到右下角有一个"AUTO"图标，这代表目前的拍摄模式是自动模式。

自动模式

点击"AUTO"图标，可以切换为手动模式，此时界面右下角的"AUTO"
图标会变为"PRO"图标。在手动模式下，可以修改快门速度、光圈、ISO（感光度）
等参数。

手动模式

　　向左右两端滑动快门滑块，即可调整快门速度。可以调整除了自动对焦以外
的所有参数，包括快门速度、光圈、ISO 等。拍摄日落等高反差的场景时，建议
使用手动曝光，根据想要的画面氛围调整光圈和快门速度，拍出不同风格的影像
作品。

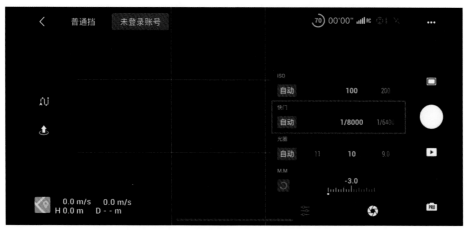

手动模式下，滑动快门滑块，调整快门速度

5.2 光圈

光圈是用来控制光线透过镜头进入机身内感光元件的装置。光圈的数值用 f 值来表示，无人机镜头的最大光圈一般有 f/2.8、f/4.0、f/5.6 等。f 值越小，光圈就越大；f 值越大，光圈就越小。

光圈的大小决定了镜头进光量的大小。光圈越大，进光量就越大，拍摄到的画面越明亮，大光圈常用于弱光环境下的拍摄；光圈越小，进光量就越小，拍摄到的画面越黯淡，小光圈常用于光线充足的环境下的拍摄。

光圈除了能控制进光量以外，还能控制画面的景深。景深就是指照片中对焦点前后能够看到的清晰对象的范围。景深以深浅来衡量。光圈越大，景深越浅，清晰景物的范围越小，大光圈常用于拍摄背景虚化的效果；光圈越小，景深越深，清晰景物的范围越大，小光圈常用于拍摄自然风光和城市风光，能够将远处的细节呈现得更加清晰。

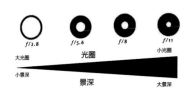

光圈与景深关系示意图

在手动模式下调节光圈的 f 值，同时观察无人机的镜头，可以看到镜头内的机械结构也会随之发生变化。

f/2.8

f/4.0

f/8.0

f/11

在 DJI Fly App 的飞行界面中，在手动模式下，向左右两端滑动光圈滑块即可调整光圈大小。

手动模式下，滑动光圈滑块，调整光圈大小

5.3 ISO（感光度）

ISO 是拍摄中最重要的参数之一。它是衡量底片对光的灵敏程度的参数，反映了胶片感光的速度。

ISO 的数值越大，感光度越高，感光元件对光线的敏感度就越高，越容易获得较高的曝光值，拍摄到的画面就越明亮，但是噪点也越明显，画质越粗糙；反之，ISO 的数值越小，感光度越低，画面越暗，噪点越少，画质越细腻。换句话说，在其他条件保持不变的情况下，通过调节 ISO 的数值可以改变进光量的大小和图片的亮度，进而影响画面的质量。因此，感光度也成了间接控制图片亮度和画质的参数。

无人机的 ISO 一般在 100 ～ 6400。在自动模式下，ISO 会根据光线的强弱自动调节，以免出现过曝或过暗的情况。在手动模式下，要配合快门和光圈来手动调节 ISO，从而控制画面的明暗程度。

在 DJI Fly App 的飞行界面中，在手动模式下，向左右两端滑动 ISO 滑块即可调整 ISO 大小。

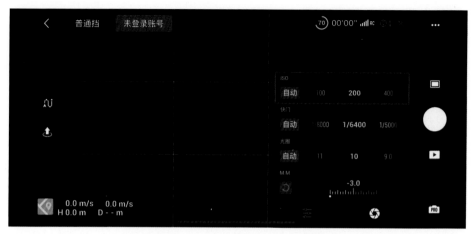

手动模式下，滑动 ISO 滑块，调整 ISO 大小

5.4 白平衡

白平衡（White Balance）是描述显示器中红、绿、蓝三基色混合生成的白色精确度的一项指标，它可以解决色彩还原和色调处理的一系列问题。

对在特定光源下拍摄时出现的偏色现象，通过加强对应的补色来进行补偿。相机的白平衡设定可以校准色温，在拍摄时可以大胆地调整白平衡来达到想要的画面效果。

正确的白平衡设置是获得理想画面色彩的重要保证。所谓的白平衡是通过对白色被摄物的颜色还原（产生纯白的色彩效果），进而达到其他物体色彩准确还原的一种数字图像色彩处理的计算方法。白平衡的单位是 K，一般无人机相机的白平衡参数在 2000 ~ 10000K。数值越小，色调越冷，拍摄到的画面越趋向于蓝色；数值越高，色调越暖，拍摄到的画面越趋向于黄色。

无人机白平衡的设置方法如下。

在 DJI Fly App 的飞行界面中，点击右上角的"…"图标，进入系统设置界面。

点击"…"图标

　　在系统设置界面中选择"拍摄"，可以看到白平衡有"自动"和"手动"两个选项。无人机中的白平衡一般设置为"自动"即可。如果在航拍中遇到画面发绿、发黄、发蓝的情况，其原因就在白平衡的设置上。如果想手动设置白平衡以获得想要的画面效果，则需要选择"手动"，然后向左右两端滑动白平衡滑块即可调整白平衡数值的大小。

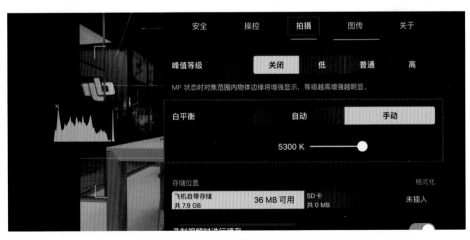

手动模式下调整白平衡数值

　　向左滑动白平衡滑块，可以看到白平衡数值在变小，画面也趋于冷色调。

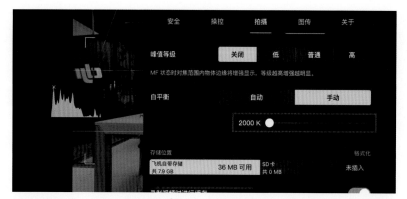

向左滑动白平衡滑块，将白平衡调整为 2000K

画面变为冷色调

向右滑动白平衡滑块，可以看到白平衡数值在变大，画面趋于暖色调。

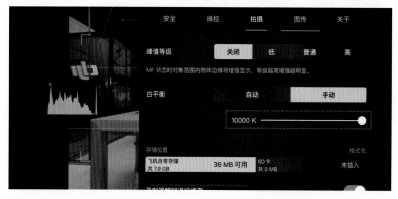

向右滑动白平衡滑块，将白平衡调整为 10000K

画面变为暖色调

5.5　辅助功能

在航拍时，我们经常会用到三种辅助工具，分别是直方图、过曝提示和辅助线，它们会帮助我们更好地调整取景角度和画面曝光程度，以达到优化画面构图和画质的目的。

5.5.1　直方图

直方图是用来显示图像亮度分布的工具，它显示了画面中不同亮度的物体和区域所占的画面比例。横向代表亮度，纵向代表像素数量。亮度直方图其实也是一种柱状图，纵向的高度代表了像素密集程度，峰值越高，分布在这个亮度范围内的像素就越多。

直方图

直方图的规则是"左黑右白"。左侧代表暗部，右侧代表亮部，中间代表中间调。观察直方图可以快速诊断画面的曝光情况是否正常。一般来说，峰值集中在中间位置，形成一个趋于左右对称的山峰形状时，则表示画面曝光正常。

　　如果峰值集中在最右侧区域，则表示曝光过度。在这种情况下，可以尝试使用更快的快门速度、更小的光圈、更低的 ISO 来减少画面的曝光。

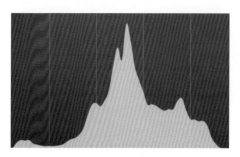

曝光正常

曝光过度

曝光不足

　　如果峰值集中在最左侧区域，则表示曝光不足，整体画面会显得很暗。这时则可以尝试使用更慢的快门速度、更大的光圈、更高的 ISO 来增加画面的曝光。

　　在系统设置界面中选择"拍摄"，开启"直方图"功能，拍摄界面左侧就会出现直方图。

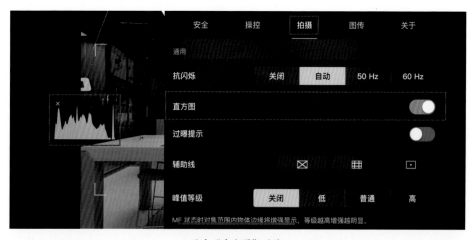

开启"直方图"功能

5.5.2　过曝提示

过曝提示是基于画面曝光超过临界值而进行的提醒。当画面处于过曝的状态时，拍摄出来的画面发白，细节不够清晰，后期的操作空间比较小，后期基本无法对画质进行弥补，所以过曝提示能够及时提醒我们画面过曝，方便我们及时调节参数。

在系统设置界面中选择"拍摄"，开启"过曝提示"功能，即可在画面过曝时收到相应的提示。

开启"过曝提示"功能

可以看到，画面中出现了黑白相间的斑马线条纹，这就表示该区域在整个画面中处于过度曝光的情况，观察直方图也可以验证这一点。

过曝提示

125

不论是拍照还是录像，我们都可以根据画面的曝光程度调节参数，以保障画面的曝光处于正常水平。

5.5.3 辅助线

DJI Fly App 中提供了三种辅助线以帮助飞手更好地构图取景，它们分别是 X 形辅助线、九宫格辅助线和十字靶心辅助线。

在系统设置界面中选择"拍摄"，可以看到以上三种辅助线，你可以根据自己的使用习惯进行选择。有拍摄经验的飞手也可以不开启辅助线功能直接取景。

辅助线功能

X 形辅助线是连接画面对角的线条，两条斜线的交点就是画面的中心点。

X 形辅助线

126

九宫格辅助线是根据黄金分割点的原理划线的，每两根线条之间的交叉点称为黄金分割点，取景时可以把主体放在任意一个黄金分割点上。

九宫格辅助线

　　十字靶心辅助线是在画面的正中心标注的十字线，适用于拍摄主体位于画面中心的画面。

十字靶心辅助线

不同的辅助线可以同时打开使用。

同时使用两种辅助线

5.6 照片和视频的设置

使用无人机拍摄照片或视频之前，设置好照片的尺寸和格式以及视频的参数很重要。不同的照片尺寸与格式和不同的视频参数适合不同的使用途径。下面介绍无人机拍摄照片和视频的设置方法。

5.6.1 设置照片尺寸与格式

在 DJI Fly App 的系统设置界面中选择"拍摄"，可以看到照片格式有 JPEG、RAW、JPEG+RAW 三种。JPEG 是常见的照片格式，具有占储存空间小、兼容性强的优点，方便查看预览，缺点则是画质有压缩，无法最大限度还原。RAW 是无损画质格式，优点是画质好，后期处理空间大，缺点是占储存空间大、兼容性差、不方便预览。JPEG+RAW 的储存模式很好地解决了上述问题，同时储存两种照片格式，后期处理时根据需要选择对应的格式即可。

照片格式

　　照片尺寸有 4：3 和 16：9 两种可选，两者均是常见的照片尺寸，可根据需要自行选择。

照片尺寸

4：3 的画面　　　　　　　　　　　　　　16：9 的画面

5.6.2　设置视频色彩、格式与码率

在航拍视频之前，可以对视频的色彩、视频编码格式、视频格式和视频码率进行设置。

在 DJI Fly App 的系统设置界面中选择"拍摄"，可以看到普通、D-Log、HLG 三种色彩选项，它们之间最主要的区别在于宽容度的大小，HLG 宽容度最大，D-Log 次之，普通模式最差。HLG 就是俗称的"灰度拍摄"，因为饱和度和对比度低，加之宽容度高，是最适合后期调整的视频格式，但拍摄出来的画面显得灰蒙蒙的，不建议新手使用。普通模式具有高对比度的特性，色彩还原度高，拍出来的视频稍稍改动即可直接使用，甚至可以原片直出，其效果类似于套用了滤镜模板，适合新手选择。D-Log 属于折中模式，在这个模式下拍出来的画面暗部细节比普通模式下的画面更好，亮部具有更多的层次感，色彩比 HLG 模式下的画面更加艳丽。

无人机的视频编码格式有两种，分别是 H.264 和 H.265。H.265 是 H.264 的升级版，属于更新的版本，涉及的信息较有指向性，这里不做过多解读。编码格式推荐选择 H.265。

视频格式中包含 MP4 和 MOV 两个选项。MP4 的兼容性更强，适用于多种载体播放，MOV 更适合苹果用户使用，根据自身需求选择即可。

视频码率可以选择 CBR 或 VBR。VBR 属于动态码率，CBR 属于静态码率，整体来说 VBR 更适合我们使用。

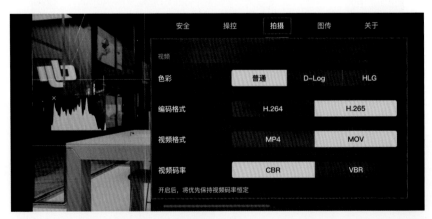

视频参数设置

5.7　拍照模式的选择

随着无人机自动化性能的提升和消费群体的需求导向转变，许多无人机公司在研发航拍无人机的时候会设定一些常规的飞行动作和全新的拍摄模式，来达到原本只能通过复杂的手动操作才能实现的画面效果。除了常用的单拍模式外，还有探索模式、ABE 连拍模式、连拍模式等，给枯燥的航拍增添了很多乐趣。下面就来详细介绍大疆无人机的几种拍摄模式。

在 DJI Fly App 的飞行界面中，点击"胶片" □ 图标，选择"拍照"，可以切换五种不同的拍照模式，包括单拍模式、探索模式、AEB 连拍模式、连拍模式和定时模式。

点击"胶片" □ 图标 1

选择"拍照"，可以切换不同的拍照模式

5.7.1 单拍模式

单拍模式很容易理解，调整好构图及相机的参数之后，按下快门开始拍摄，相机就会拍摄一张照片。

单拍模式

5.7.2 探索模式

探索模式最大可支持镜头 28 倍变焦。从前的无人机大多数搭载的是定焦镜头，焦距是不可变的，变焦镜头的引入激发了航拍爱好者们更多的航拍思路，使其创造出了很多更具艺术性的作品。

探索模式

5.7.3　AEB 连拍模式

AEB 连拍模式又称包围曝光模式，适用于光线复杂的场景下的拍摄，如音乐节、城市灯光秀、大型庆典活动现场等，这些场景中通常有复杂的舞美灯光设计。

在 AEB 连拍模式下，按下快门后无人机会自动拍摄三张等差曝光量的照片（曝光不足、正常曝光、曝光过度），这三张照片分别完整保存了被摄物体的亮部、中间部分以及暗部的画面细节，并从中挑选多个曝光合适的部分，合成一张明暗适中的照片。

AEB 连拍模式

5.7.4　连拍模式

使用连拍模式时可以选择连拍照片的数量，例如 3 张、5 张、7 张等。连拍模式适合在风速较大时或者夜间拍摄时使用，能有效提高出片率。

连拍模式

5.7.5 定时模式

使用定时模式时可以设定无人机的拍摄倒计时,可设置为5秒、7秒、10秒等。

定时模式

5.8 录像模式的选择

在 DJI Fly App 的飞行界面中,点击"胶片"  图标,选择"录像",可以切换三种不同的录像模式,分别是普通、探索和慢动作。

点击"胶片" 图标 2

录像模式选择界面

5.9　大师镜头

使用大师镜头功能，无人机会提醒你框选要拍摄的目标，一般以人物或某个固定物作为拍摄对象。选定目标后，系统会提示你"预计拍摄时长 2 分钟"，无人机会根据机内预设自动飞行，执行包括渐远模式、远景环绕、抬头前飞、近景环绕、中景环绕、冲天、扣拍前飞、扣拍旋转、平拍下降、扣拍下降在内的十个飞行动作，最后自动返航至起降点。

大师镜头

使用大师镜头功能拍摄时要选择开阔的场地，避免无人机在自动飞行中碰到障碍物。一切就绪后，点击"Start"拍摄一段完整的视频吧！

5.10　一键短片

一键短片和大师镜头一样，都是大疆无人机升级算法后的产物。选择此功能后，无人机也会根据系统预设的飞行轨迹自动飞行并拍摄视频素材，然后将视频素材剪辑成片，此功能十分适合不会剪辑的新手使用。

一键短片的部分功能与大师镜头功能有所重叠。大师镜头功能是按照预设自动拼接整合拍摄素材，而一键短片功能则是把各个飞行动作拆分成多个小动作，包括渐远、冲天、环绕和螺旋这四种模式，每个小动作持续的时间短则几秒长则几十秒，但都只执行单个动作。你可以根据拍摄场景和需求构思自己想要的飞行动作，从而拍出令自己满意的短片。下面分别介绍渐远、冲天、环绕、螺旋这四种模式的不同之处。

5.10.1　渐远模式

渐远模式下，无人机会面朝拍摄目标，一边后退一边上升。

渐远模式

你可以手动框选画面中的拍摄目标，目标处会出现一个绿色方框。在屏幕下方可以设置飞行距离，无人机会围绕拍摄目标执行飞行动作。

手动选择拍摄目标，设置飞行距离

设置完成后，点击"Start"渐远模式即可开始执行。飞行前仍需注意飞行路径中是否存在障碍物，避免发生危险。

5.10.2　冲天模式

冲天模式下，无人机会俯视拍摄目标并快速上升。

冲天模式

你同样可以先框选目标，选定目标后在屏幕下方调整飞行高度。

选定目标后调整飞行高度

接下来检查无人机上空有无障碍物，确认没有后，点击"Start"，冲天模式开始执行。

5.10.3　环绕模式

环绕模式下，无人机会保持当前高度，环绕目标飞行一圈。若使用环绕模式，则可以自行调节云台俯仰角度，拍摄出符合需要的画面。

环绕模式

5.10.4　螺旋模式

螺旋模式下，无人机会螺旋上升，上升后会后退并环绕目标一圈。

螺旋模式

在无人机执行螺旋模式的时候，你可以设置旋转的最大半径，一定要在确保无人机安全的情况下进行合理的设置。

设置最大半径

第 6 章
航拍前的规划须知

在前面的章节当中，我们学习了无人机的操作方法以及遥控器的使用方法，想必你已经初步具备了在室外操控无人机飞行的能力，但这并不意味着你已经牢牢掌握了所有的无人机飞行知识，因为航拍前的准备工作同样重要。好的飞行规划会让航拍效率大大提升。

6.1　出发前的准备工作

在外出航拍之前，需要明确本次飞行的目的和要求，即需要明确拍什么、怎么拍、在什么时间拍、去什么地方拍、拍多久。只有在明确飞行目的和要求后才能进一步做好周全的准备工作。本节将对飞行前的准备工作进行分步讲解。

列出飞行计划是准备工作中的第一步，其目的是对飞行场景做系统的梳理。例如，如果想拍摄一些关于城市日落的视频素材，那么"城市日落"就是本次的拍摄主题，然后根据主题明确本次飞行的时间、地点、空域情况和所需设备，同时还要查询飞行当天的天气情况，以及其他可能会影响拍摄的问题。

下面是一张飞行计划表，你可以参考它来制作自己的飞行计划。

拍摄日期	拍摄主题	拍摄时间	拍摄地点	空域情况	所需设备	天气情况	其他
11 月 10 日	城市日落	17:20—18:00	青岛五四广场	是否存在禁飞区和限高区	无人机、电池、SD 卡、桨叶、遥控器、手机、充电器、备用电池、备用桨叶、UV 镜等	天晴、雨雪雾、气温、风力、风向等	是否有保安拦截飞行

上面的飞行计划表中的拍摄主题是"城市日落"，拍摄日期是 11 月 10 日，那么怎么确定日落的时间段呢？你可以借助手机中的天气预报来查看拍摄地的日落时间，或者在网站上搜索当地的日出日落时间表。

还需要在天气预报中查看日落时刻的天气情况。天气预报会显示以小时为单位的天气情况：如果 11 月 10 日的日落时刻的天气正好是晴，这就意味着可以拍到日落；如果这个时刻的天气恰好是多云或者下雨，那就意味着你大概率是看不到日落的，那么你需要改变拍摄计划。

借助天气预报查询日落时间

山东省_青岛市日出日落查询-日出日落时间表

市南区　市北区　黄岛区　崂山区　李沧区　城阳区　胶州市　即墨市　平度市　莱西市　西海岸新区

山东省_青岛市日出日落时刻表

日期	日出	正午	日落	天亮	天黑
2022-10-17 星期一	06:07	11:43	17:20	05:41	17:46
2022-10-18 星期二	06:07	11:43	17:19	05:42	17:45
2022-10-19 星期三	06:08	11:43	17:18	05:42	17:44
2022-10-20 星期四	06:09	11:43	17:16	05:43	17:42
2022-10-21 星期五	06:10	11:43	17:15	05:44	17:41
2022-10-22 星期六	06:11	11:43	17:14	05:45	17:40
2022-10-23 星期日	06:12	11:42	17:13	05:46	17:39
2022-10-24 星期一	06:13	11:42	17:12	05:47	17:38
2022-10-25 星期二	06:14	11:42	17:10	05:48	17:37
2022-10-26 星期三	06:15	11:42	17:09	05:49	17:35
2022-10-27 星期四	06:16	11:42	17:08	05:50	17:34
2022-10-28 星期五	06:17	11:42	17:07	05:50	17:33
2022-10-29 星期六	06:18	11:42	17:06	05:51	17:32
2022-10-30 星期日	06:19	11:42	17:05	05:52	17:31
2022-10-31 星期一	06:20	11:42	17:04	05:53	17:30
2022-11-01 星期二	06:21	11:42	17:03	05:54	17:29
2022-11-02 星期三	06:21	11:42	17:02	05:55	17:28
2022-11-03 星期四	06:22	11:42	17:01	05:56	17:27
2022-11-04 星期五	06:23	11:42	17:00	05:57	17:26
2022-11-05 星期六	06:24	11:42	16:59	05:58	17:25
2022-11-06 星期日	06:25	11:42	16:58	05:59	17:25

在网站上查询日出日落时间

查询天气情况

确定了拍摄地点的日落时间和天气情况后，就可以开始规划出发时间。如果乘坐公共交通工具，需要提前查询多久才能到达；如果打车或者自驾，还应该考虑路上是否会堵车、终点是否方便停车等问题。尽量在日落前半小时到达拍摄地点，这样会有充分的准备时间去选择合适的起飞降落点和拍摄角度，然后静候太阳落山的时刻开始拍摄。如果临近日落时刻才准备出发，那么到达拍摄地点时很有可能已经错过了最佳的拍摄时间，导致很难拍到理想的画面。

　　在手机地图 App 上查询出行路线时，还可以顺便切换到卫星地图，查看周边的环境信息，如拍摄地点的地形地貌，周边是否有开阔的平地，是否有遮挡的树木、楼房等。如果要长时间拍摄，还要提前寻找周边可以充电的地方。

　　当然，仅靠二维地图还不能全面查寻到当地的信息，如果有三维地图，就可以更加全面地进行分析了。打开网页版的三维地图，可使用街景功能查询以上信息。目前街景功能已经涵盖大部分城市街道的三维影像，我们可以试着输入拍摄地点，查看是否能看到三维街景。如果能看到该地区的三维街景，就可以更加直观全面地查看当地的地形地貌等，查看三维街景是一种非常有效的信息筛查方法。

三维街景

接下来列出三种判断空域情况的方法。

方法一：在大疆官网上查询限飞区。

方法二：在无人机遥控器上查询限飞区。

方法三：在小红书、抖音、景区官网等平台上搜索限飞信息，确定有无潜在的禁飞风险。我国制定的禁飞区条款里写明了重要的军事设施周边、水库、铁路、高架桥、敏感单位周边、监狱、军事基地等地方属于禁飞区，而大疆的限飞区地图只显示机场及周边的限飞区，这就代表着还有部分未在地图上明确注明限飞信息但实际上不允许飞行无人机的地方存在。例如近些年多地旅游景区相继张贴了禁飞无人机的公示牌和通知，在飞行之前可以了解，以免发生危险情况。

在小红书 App 上查询到的限飞信息

旅游景区禁飞公示牌

出发前的最后一项准备工作就是清点航拍设备。不论携带什么设备和配件，一定要在出发前按照飞行计划表清点一遍，同时确保遥控器和无人机电池已经充满电，桨叶完整无破损。如果遥控器需要连接手机，还要确保手机的电量充足。要注意查看 SD 卡是否插在无人机机身内，很多人忘记携带 SD 卡导致整个拍摄计划泡汤。另外，如果需要连续多日拍摄，每块电池都要多次使用，记得携带充电器，必要的时候还要带移动电源和逆变器。

除了那些必要的无人机设备，还有一些配件可能要用到。有些厂家的无人机可以选配桨叶保护罩，在桨叶下面安装固定保护罩，能够在一定程度上保护无人机，避免其撞到障碍物而摔落。例如，大疆无人机 AVATA，其机身周围一圈都装有桨叶保护罩。如有需要可以根据自己的设备进行选配安装，但安装了保护罩以后可能造成无人机续航时间缩短和操控性变差等情况。

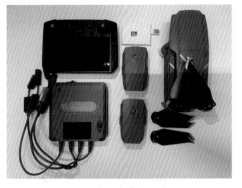

无人机设备清点照片

装有桨叶保护罩的大疆无人机

在清点设备的时候还可以根据拍摄需求以及天气情况携带一些其他配件，例如 UV 镜、便携收纳包、遥控器遮光罩、充电管家、防水箱等。

加装保护罩的桨叶

UV 镜（引自大疆官网）

6.2 现场环境安全检查

在室外航拍的时候，周边可能会存在多种干扰因素，威胁飞行的安全，比如电线、电塔、信号塔、高楼、树枝、水面、峡谷等固定障碍物，或是电磁信号等可能干扰信号的潜在因素。

电线、电塔

峡谷

固定障碍物中，电线和信号塔的斜拉线都无法被避障模块识别到，所以在飞行的时候要有规避此类危险障碍物的意识，通过云台相机的第一视角画面进行判断，避免无人机机身触碰到障碍物而造成"炸机"。

电线杆上的电线

在高楼林立的城市中飞行无人机时，要注意楼体的玻璃表面也无法被避障模块识别。当无人机靠近楼体的时候，两座相邻的高楼中间的气流是非常乱的，可能会出现阵风，强阵风会干扰无人机悬停的稳定性，可能造成无人机被吹到大楼上撞落的情况。因此飞行无人机时要让无人机与高楼保持安全距离，同时避开两座高楼之间的区域。另外，高楼容易干扰遥控器和无人机之间的信号，当无人机和遥控器之间隔着楼体时，会造成遥控器图传数传信号丢失，严重时会造成"炸机"。

相邻的高楼

在自然环境中，也有许多物体干扰无人机的飞行安全。比如树枝和树叶，树枝与斜拉线类似，有时避障模块难以识别，在近距离拍摄树木时，要让无人机与树枝保持一定的安全距离，避免螺旋桨打到树枝、树叶造成"炸机"。

无人机撞到树上

拍摄江河湖海等场景时，如果无人机距离湖面很近，可能会突然出现无人机被吸入水中的现象，这是因为无人机在距离水面两个翼展高度内的时候，特别容易掉入水中，所以在拍摄水面的时候，先要通过摄像头判断无人机距离水面的高度，拿不准的时候就飞高一些，保证无人机与水面之间的安全高度。

在峡谷地区飞行无人机与在高楼之间飞行无人机的注意事项类似，尤其要注意变化不定的风向和狭窄风口的强烈阵风，保障无人机安全。

6.3　选择正确的起降点

想要找到合适的无人机起降位置，需要注意以下几个重要的点。一是要选择地形平坦、地面平整的位置。地形平坦意味着不能选择斜坡，地面平整意味着无人机周边半径 1 米范围内不能有凸起和坑。二是起降点周边半径 5 米范围内不要有杂草、碎石、沙砾等障碍物，避免无人机在起降过程中触碰到障碍物或尘土卷入电机内导致无人机"炸机"的情况发生。三是需要查看起降点周边的电磁信号情况。可以查看遥控器内的图传数传通道的信号强弱程度，也可以借助其他辅助工具来查看电磁信号情况。

平坦开阔的起降点

149

6.4 安排合适的飞行路径

安排合适的飞行路径也是飞行规划中的重中之重。有无人机飞行经验的人都知道，无人机的续航时间非常短，目前市面上常见的无人机续航时间在 35 ～ 60 分钟，如果你使用的是循环次数超过 50 次的电池，续航时间还会有所缩减。在这个前提下，必须要合理规划飞行路径，一定要保证剩余电量足够无人机安全返航。以笔者的飞行经验来说，飞行时长大概可以规划为总续航时长的 70%，在电量剩余 30% 的时候，就可以开始返航了。

无人机到底能飞多远呢？距离起降点 0 ～ 3 千米为安全范围（前提是无障碍物遮挡信号），3 ～ 5 千米是可以飞行但容易丢失信号的范围，超过 5 千米则建议谨慎飞行或者不飞行。

在实际飞行过程中，如果遇到需要连续转场拍摄的情况，则要结合多个拍摄点之间的距离以及需要拍摄的时长来规划飞行路径，尽最大可能避免电池电量的浪费，保障拍摄计划顺畅进行。

6.5 特殊场景注意事项

无人机航拍的过程并不总是一帆风顺的，有时难免会遇到一些特殊场景或者极端天气，给飞手带来很大的心理压力，尤其是对飞行新手来说，起飞后总是非常忐忑，担心无人机不能顺利返航。本节就一些特殊的场景进行针对性的分析，帮助大家从容应对将来可能会遇到的多种特殊场景，以合理安排飞行任务。

6.5.1 雨天

雨天是不适合无人机飞行的天气之一。首先，无人机不具备防雨防水的特性，电机及电子元器件很容易被雨水破坏，造成设备损坏。其次，雨天的光线较暗，拍出来的照片会显得灰蒙蒙的，只能满足少部分特殊的拍摄需求。

如果需要在雨天飞行无人机，可以提前查看天气预报，尽量错开下雨的时间段，也可以随身携带一块吸水的毛巾以便及时擦拭无人机。如果在刚下过雨的山区飞行，还需要注意有无水蒸气形成的水雾，尽量避免让无人机穿越水雾，因为水蒸气凝结的水珠会对无人机电机构成安全隐患。

雨天山区水雾

6.5.2 风天

在大风天气，无人机为了保持姿态和飞行，会耗费更多的电量，续航时间会缩短，同时飞行稳定性也会大幅度下降。所以在操控无人机时，要注意不能让无人机在最大风速超过无人机的最大飞行速度的地方飞行。如果飞行过程中风速过大，遥控器屏幕上也会出现相应的提醒，这时不要抱有侥幸心理，应及时让无人机返航，等待风速小一些的时候再次起飞。

风速过大提醒

气流的出现会使在飞行中的无人机突然上升或者下沉。例如在沙漠、戈壁拍摄时，上升气流会十分明显。轻型无人机抗风能力弱，很有可能被大风吹飞。所以在特殊环境下要时刻注意无人机的飞行状态，及时调整或选择返航，避免发生意外。如果天气预报预测的风力大于无人机的抗风等级，不要起飞！

飞行时还要注意判别风向，如果无人机逆风飞行，飞行速度会受影响，电量也会比无风状态下消耗得更快，此时要多预留一些电量用于返航，以免无人机无法正常飞回起降点。

6.5.3 雪天

在雪天用无人机记录雪花漫天飞舞的景象，可以带给观者非常震撼的视觉感受。美丽的雪景非常适合用无人机航拍，但无人机不宜在雪天飞行过久，原因和雨天类似，雪花接触到电机后会因高温融化成水，可能导致无人机短路。

雪天的气温较低，受低温的影响，无人机电池温度也会降低，有可能导致无人机无法起飞，所以要随身携带一些保温设备，其中最方便的就是暖贴，将其直接贴在无人机机身上就可以让电池保暖。另外，低温会使无人机的续航时间缩短，所以要随时关注剩余电量，根据电量合理安排拍摄进度。

在无人机降落的时候，要选择地面没有积雪的降落点，以保障无人机的安全。如果有条件，建议在停机坪降落，这能大大降低雪水进入无人机的概率。在一些地形崎岖地区也可以借助表面平整的无人机箱包来降落。

雪景拍摄 1

雪景拍摄 2

6.5.4 雾天

浓雾天气和浮尘天气类似，都是能见度较低的场景。在雾天操控无人机安全性低，且拍摄出来的画面非常灰暗，不好看。那么如何判断雾是否大到影响飞行呢？我们可以目视，通常来说，能见度小于 800 米就可以称为大雾，大雾天不适宜无人机飞行。

实际上大雾不仅影响能见度，还影响空气湿度。在大雾中飞行，无人机也会变得潮湿，有可能影响到内部高精密部件的运作，而且镜头上形成的水汽也会影响航拍效果。对于无人机这类精密的电子产品，水汽一旦渗入内部，很可能损坏内部电子元器件。所以在雾天使用无人机后，除了简单擦拭外，还要做好除湿。可以将无人机放到电子防潮箱中，或者将无人机与干燥剂一起放于密封箱中。

这里再举个极端的例子，无人机在雾气中可能会失灵，把 100 米高空识别成地面，直接启动降落程序，这样会导致什么后果可想而知。如果没有眼疾手快地控制摇杆，很可能就此痛失一台无人机。雨天、雪天、雾天飞行无人机有风险，一定要谨慎！

浓雾天气

6.5.5 穿云

无人机穿云航拍出来的画面朦胧飘逸，令人赞叹。但是云层过厚，我们就不能实时监测到无人机的动向，无人机飞行具有一定的危险性。所以要时刻观察无人机的动向，发现踪影比较模糊时就要返航，确保飞行安全。

穿云航拍

6.5.6　高温或低温天气

在高温天气切忌飞行太久，且应在两次飞行间让无人机进行充分的休息和冷却。因为无人机的电机在运转产生升力的时候，也会连带产生大量的热量，电机非常容易过热，在一些极端情况下甚至可能会导致一些零部件和线缆熔化。

在低温天气也要避免飞行时间过长，在飞行中要密切关注电池情况。因为低温会降低电池的效率，无人机续航时间会有所减少。一旦发现电量猛然降低，就要赶快采取应急措施返航。

6.5.7　深夜

华灯璀璨的城市夜景总让人流连忘返。夜间航拍是航拍爱好者喜欢的航拍方式之一，同样的场景在白天和夜晚会表现出完全不同的风格和氛围。夜间飞行无人机的安全问题也是不容忽视的，在无人机起飞后和进行位置移动之前，一定要先操控无人机旋转一周，观察周围的环境，确认水平高度内有没有障碍物，无人机距离障碍物大概有多远，心里有数后再操控无人机飞行。这样做的原因是夜间环境光比较暗，无人机避障模块很难识别到障碍物，当无人机在后退移动的时候，相机依然朝向前方，无法确定无人机在飞行路线上会不会触碰到障碍物，这也是许多飞手在刚开始练习夜间航拍时容易忽视的问题。当然，如果时间充足，最好的方法还是在白天提前到达起降点进行踏勘。起降点一定要避开树木、电线、高楼和信号塔等。

夜间航拍

第 7 章
航拍运镜的操作技巧

　　在纪录片、综艺节目和影视剧中经常会出现无人机航拍镜头，这些航拍镜头不但角度新奇，能带给观众强烈的视觉冲击，还能提升节目的质量。

　　那些用无人机拍摄的画面会结合多种运镜手法，以增加镜头的丰富性。本章将会介绍多种运镜手法，帮助大家拍摄出流畅的视频。

7.1 固定镜头

　　固定镜头是最简单的一种运镜手法，无人机保持悬停状态，无须调整云台，固定机位拍摄一段视频即可。固定镜头适合用来拍摄动静结合的目标，例如荒漠中一棵随风摇曳的树，或者海里的几艘随波漂荡的渔船，表达不变即变的思想，在某种程度上能够表现出事情发展的不确定性。

　　下图是在青岛栈桥拍摄的固定镜头，画面中心的建筑保持不动，海上的快艇在建筑旁快速行驶，观者在观看视频的时候无法预测快艇的运动方向。拍摄时无人机保持悬停，云台相机镜头俯拍，表现快艇轨迹的不确定性。

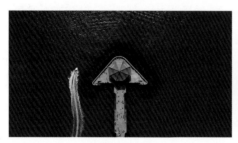
固定镜头 1

固定镜头 2

固定镜头 3

固定镜头 4

　　下页图也是一组俯拍的固定镜头，画面中的海浪层层叠叠地涌起，但你不知道下一朵浪花从何处出现，表现了浪花翻涌的不确定性。

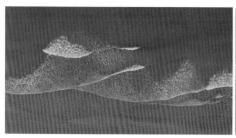
固定镜头 1

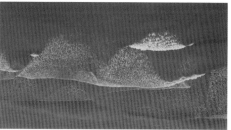
固定镜头 2

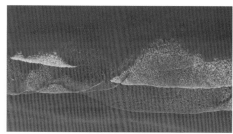
固定镜头 3

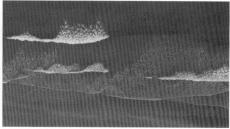
固定镜头 4

7.2 前进镜头

前进镜头是航拍运镜中最基础的拍摄手法，只要保持无人机前进即可，具有操作方法简单、使用场景灵活的优点。前进镜头通常用来突出主体，可以用作视频开头。

下图是一组拍摄于青岛凤凰之声大剧院的前进镜头。无人机从海面上方飞向坐落于岸边的大剧院，画面有一种探索陆地的氛围，十分有趣。

前进镜头 1

前进镜头 2

前进镜头 3　　　　　　　　　　　　前进镜头 4

拍摄前进镜头时需要注意以下几点。

（1）前进速度均匀稳定。

拍摄前进镜头最重要的一点就是要让无人机保持匀速运动，不要忽快忽慢，也不要频繁出现前进、刹车的交替动作，否则视频会显得不够流畅。以美国手为例，轻轻向上拨动右摇杆并保持不动，无人机就会匀速前进。

（2）不要做多余动作。

拨动摇杆时不要做多余的动作，不要向其他方向拨动摇杆，以保证视频的流畅。

（3）明确被摄主体。

在拍摄前要明确被摄主体。前进镜头的主要作用是交代环境，因此取景时要注意构图以及画面元素的完整性。

7.3　后退镜头

后退镜头与前进镜头相反，虽然无人机的机头指向前方，但却是向机尾方向倒退着飞行的。后退镜头的作用是交代整体环境，向观者展现更开阔的视野，常被用作片尾，可以给观者留下悬念。后退镜头适用于拍摄日出日落、动物迁徙等宏大的自然景观。

下页图是一组拍摄于大理崇圣寺三塔的后退镜头。镜头从三塔的正面逐渐后退，直至展现崇圣寺所在地区的全貌，依稀可见远处飘着云雾的苍山。

后退镜头 1

后退镜头 2

后退镜头 3

后退镜头 4

　　下图是一组拍摄于贵州黄果树瀑布的后退镜头。画面中的瀑布由近到远，越来越小，周边的景物逐渐进入视野，周边环境慢慢呈现出来，有时候这种运镜方式会给人带来意想不到的惊喜。

后退镜头 1

后退镜头 2

后退镜头 3

后退镜头 4

后退镜头不只可以水平向后移动，也可以与其他运动方向结合，例如同时利用后退和上升的运镜方式往斜后方移动。从场景的某个部分开始拍摄，从局部到整体，边后退飞行边上升，直至展示场景的全貌。下图中的昆明滇池国际会展中心就是利用这种方式拍摄的。

组合后退镜头 1

组合后退镜头 2

组合后退镜头 3

组合后退镜头 4

拍摄后退镜头时需要注意以下两点。

（1）确保飞行安全。

在拍摄后退镜头时，首先要确保无人机的飞行安全。由于无人机是面对拍摄目标向后飞行的，我们无法通过回传的画面来判定飞行路线上有无障碍物，所以要尽量选择水平范围内没有障碍物的高度进行拍摄，这样不论无人机往哪个方向后退，都不会有触碰障碍物的风险。当必须降低飞行高度才能拍到主体时，如果不确定在此高度飞行是否会碰到障碍物，可以先让无人机调转机头，拍摄一段前进镜头，边拍边查看该路线上的障碍物，确定好安全的飞行路线和飞行距离后，再返回起点拍摄后退镜头。

（2）取景由少到多。

后退镜头比前进镜头的张力更强，镜头中的元素由少到多，不断呈现给观者，可以给人带来无限遐想。所以很多视频会使用后退镜头作为片尾,例如《航拍中国》系列纪录片中,城市或景点介绍完毕切换场景时多用后退镜头来呈现。如果你拍摄的镜头不符合画面元素由少到多的逻辑,那么它可能不是后退镜头。

7.4　平移镜头

平移镜头是指无人机向左或向右水平移动拍摄的画面。平移镜头既可以是无人机的机位固定,通过旋转无人机角度来左右移动拍摄;也可以是镜头朝向固定,无人机如同螃蟹一般横着飞行平移拍摄。平移镜头的作用是通过横向移动来显示空间信息,从左往右拍摄或从右往左拍摄均可。

下图是一组拍摄于青岛市中心的平移镜头。无人机悬停在同一位置,相机镜头沿水平方向从左往右移动,依次展现了青岛的城市风光。

平移镜头 1(无人机悬停)

平移镜头 2(无人机悬停)

平移镜头 3(无人机悬停)

平移镜头 4(无人机悬停)

下图是一组无人机镜头垂直于地面拍摄的平移镜头，拍摄的是某个小区。拍摄时镜头角度保持不变，无人机从右往左横向飞行，最终得到了一个俯瞰地面的平移视角。

平移镜头 1（无人机横向飞行）

平移镜头 2（无人机横向飞行）

平移镜头 3（无人机横向飞行）

平移镜头 4（无人机横向飞行）

7.5　俯仰镜头

　　在视频画面中，拍摄角度不同，拍摄对象在观者视觉范围内的方位、形象就会变化，从而引起观者对拍摄对象的注意，改变观者的心理感受。仰拍就是云台由下往上、从低向高拍摄，类似于观者仰望。俯拍就是云台由上往下、从高向低拍摄，类似于观者俯视。

　　俯仰镜头很容易操作，在录制视频时保持无人机机位固定，右手拨动云台拨轮，将云台由上往下或由下往上调整即可。当然，如果你已经能够熟练操作遥控

166

器，可以同时尝试调整云台的俯仰角度和控制无人机向前或向后移动，这种组合拍出来的画面效果更佳。

下图是一组拍摄于浙江安吉江南天池的俯镜头，镜头由上而下，交代环境的同时突出主体。

俯镜头 1

俯镜头 2

俯镜头 3

俯镜头 4

下图是一组拍摄于新疆戈壁滩的仰镜头，镜头由下而上缓慢移动，展现了绿洲的生机勃勃与天空的辽阔。

仰镜头 1

仰镜头 2

仰镜头 3   仰镜头 4

7.6 拉升镜头

拉升镜头是指无人机匀速向上飞行拍摄的画面。无人机匀速向上平拍高大的建筑物或高山时，镜头与被摄主体平行，缓慢上升，有助于展现高大物体的局部。

平拍拉升镜头 1   平拍拉升镜头 2

平拍拉升镜头 3   平拍拉升镜头 4

除了采用平拍的方式拍摄拉升镜头以外，还可以扣拍。扣拍就是云台相机镜头垂直向下拍摄，无人机缓慢上升，拍摄范围逐渐扩大，画面主体不断缩小，画面由局部逐步扩展到整体，更有层次感。

扣拍拉升镜头 1

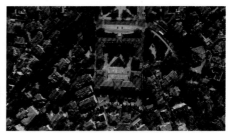

扣拍拉升镜头 2

扣拍拉升镜头 3

扣拍拉升镜头 4

7.7　下降镜头

下降镜头与拉升镜头相反，是无人机向下飞行所拍摄的画面。

下降镜头的第一种拍摄方法是云台相机镜头垂直向下扣拍，拍摄画面由大环境逐步缩小到被摄主体，能够将观者的视线引导到被摄主体上。

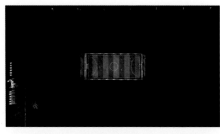
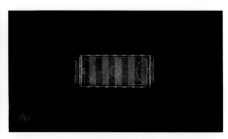

扣拍下降镜头 1　　　　　　　　　　扣拍下降镜头 2

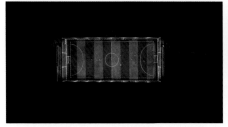
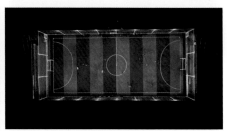

扣拍下降镜头 3　　　　　　　　　　扣拍下降镜头 4

　　下降镜头的第二种拍摄方法是平拍，云台相机镜头对准被摄主体，无人机自上而下缓慢下降。

平拍下降镜头 1　　　　　　　　　　平拍下降镜头 2

平拍下降镜头 3　　　　　　　　　　平拍下降镜头 4

7.8　前景镜头

在拍摄带有前景的镜头时，可借助前景的遮挡营造一种神秘的氛围，等无人机越过前景后，场景转换，画面会给人一种豁然开朗的感觉。

下图拍摄的是一个游乐园，镜头从入口的招牌开始向上拉升，飞到高处时展现了游乐园内部和旁边山林的样貌。

前景拉升镜头 1

前景拉升镜头 2

前景拉升镜头 3

前景拉升镜头 4

下图以峰顶作为前景，无人机缓缓向右平移，逐渐越过这座山峰展现层叠的山峦，云雾缭绕好似仙境一般。

前景平移镜头 1

前景平移镜头 2

前景平移镜头 3   前景平移镜头 4

7.9 环绕镜头

  环绕镜头是指无人机在同一高度环绕主体做圆周运动，通过环绕目标一圈的方式来展现被摄物体或人物的特征，并且镜头会对周边的环境进行交代。其作用是突出主体，同时展现画面的动感和韵律美。

  环绕镜头分为半环绕和全环绕两种。半环绕即无人机绕主体半圈或更少，仅对特定角度的主体进行拍摄。全环绕则是无人机环绕主体一圈，以环视的方法进行拍摄。

  下图中无人机围绕崇圣寺三塔做环绕运动，崇圣寺三塔作为被摄主体展现了各个角度的不同样貌。

环绕镜头 1   环绕镜头 2

环绕镜头 3

环绕镜头 4

7.10　追踪镜头

　　追踪镜头是指无人机追随移动目标拍摄的镜头，适用于行驶中的汽车、船只等的拍摄。追踪镜头有着很强的画面感染力，充满动感，能让观者产生身临其境的感觉，感受到飞翔的乐趣。追踪镜头的拍摄难度较大，因为无人机要和移动目标保持匀速运动，所以拍摄者需要对无人机的操作技巧非常熟悉，左右手相互配合控制摇杆，甚至要同时控制无人机的前进、转向与云台的俯仰动作。

　　下图拍摄的就是追踪镜头，追踪目标是行驶中的快艇和载人滑翔伞，拍摄时无人机一直跟随移动目标飞行。

追踪镜头 1

追踪镜头 2

追踪镜头 3　　　　　　　　　　　追踪镜头 4

　　部分型号的无人机提供了跟随拍摄功能。在飞行界面中找到需要追踪的主体，用手按住屏幕上的主体部分拖动出一个绿色矩形边框，即可选定需要跟随的主体。

框选主体

　　点击"跟随"，即可开启跟随拍摄功能。

点击"跟随"

开始拍摄后，可以随时点击屏幕下方的"Stop"关闭跟随拍摄功能。

跟随拍摄界面

使用跟随拍摄功能拍摄时，主体会一直位于画面中心，你无须再手忙脚乱地操作摇杆和拨轮，也不用担心无人机跟不上运动主体。

自动追踪镜头 1

自动追踪镜头 2

自动追踪镜头 3

自动追踪镜头 4

7.11 组合镜头

　　组合镜头没有固定的拍摄方法，需要根据被摄主体和拍摄者想要表达的氛围、情绪来进行多种运镜手法的组合拍摄。当然，这就意味着你必须熟悉遥控器上的所有摇杆和拨轮的操作方法，并且双手需要默契配合，能够同时操作多个摇杆和拨轮且不出错。

　　下方的一组照片结合了俯仰镜头和后退镜头的运镜手法。从建筑物顶部开始俯拍，无人机后退飞行的同时云台相机镜头由下至上微微抬起，直到拍到建筑物的正面全貌，这种组合运镜方式使画面变得动感十足。

组合镜头 1

组合镜头 2

组合镜头 3

组合镜头 4

第 8 章
景别、光线与构图的应用

    航拍构图是影响最终成片效果好坏的至关重要的因素，构图是最能直观表达作品主题和情绪的方式之一。拍出好的作品前，必须要对照片或视频的构图进行详细的了解，掌握每种构图方法，并灵活调整被摄物体与无人机的位置，从而拍摄出符合构图要求的画面。本章就景别的分类、光的运用、航拍构图方法和航拍视角选择进行讲解，帮助读者快速熟悉构图的要领，使航拍作品更具专业性。

8.1　景别的分类

在传统摄影中，景别由远至近分为远景、全景、中景、近景和特写。而在航拍中，受拍摄方法和拍摄器材性能特点的限制，很难拍特写画面，所以航拍中的景别通常分为远景、全景、中景、近景。下面将对这四种景别进行介绍。

8.1.1　远景

在航拍中，远景多用来展现自然景观的全貌，展示人物周围的广阔空间，以及大型活动现场。远景画面能够让观者领略到空中视角下的宽广视野，具有纵观全局的效果，画面十分有气势，给人以整体感。但在远景照片中，景物细节展现不足，画面中的元素也较多。

远景

8.1.2　全景

　　全景相较于远景来说，主体在画面中所占的面积比例更大，看起来距离观者更近。在全景画面中，被摄主体与其周围的环境一起出现，这既能展现主体也能交代环境，但景物的细节同样展示得比较粗糙。

全景

8.1.3 中景

　　中景突出了场景里某个单独主体的信息和特征，观者在欣赏作品时会首先关注到主体。中景画面仍然能展现小部分的背景，主体相较于全景则被放大了很多。

中景

8.1.4　近景

近景是在中景的基础上进一步放大被摄主体，重点表现主体的细节和特征。在近景画面中，周边环境被淡化，处于陪体地位，观者的视线会自然落在作为主体的人物、建筑物或景物上，因此近景的作用就是刻画主体。

近景

8.2　光的运用

受光线的影响，世间万物会呈现出不同的视觉色彩和景观效果。在不同时间拍摄同一位置的同一景物时，画面会呈现出完全不同的风格。这是因为光照射到被摄主体上时，光的强弱、位置、角度及光质的变化都会改变主体所呈现的状态。光线在一天当中会随时间而不停变化，被摄物体也会随着光线条件的变化而改变，因此善于运用不同的光线，把握合适的拍摄时机也是拍出好作品的重要前提。

在一般的航拍当中，由于被摄主体的范围更大、更广，人造光源无法让被摄物体产生多样的变化，因此在实际的拍摄过程当中，拍摄所需要的光往往是自然光。

光有硬光和柔光之分。硬光大都出现在晴天中午阳光较为强烈的时分，这时的主体会产生清晰而又边缘明确的影子。柔光大都出现在阴天和日出日落时分，光线是漫散射式的，不具有方向性，这时的主体没有清晰而又边缘明确的影子。

晴天的阳光非常强烈，此时受光部分与背光部分的差异特别大，画面当中最亮的部分是白色，最暗的部分是黑色，画面中不存在明暗柔和的细腻过渡。拍摄者应避免在这种条件下拍摄。

阴天的时候，由于太阳被云朵所遮挡，光线会被漫散射到地面，此时的光线不再强烈，地面上的景物明暗过渡更加自然，展现的信息更多。阴天比较适合拍摄自然风光。

遇到降雨时，通常在雨后雾气消散的时分，空气的透明度会大大提高，被摄物体的颜色饱和度也会有所提升。

不同角度的光线形成的画面明暗效果不同，摄影用光概括起来有以下五种：顺光、逆光、侧光、顶光、底光。

8.2.1 顺光

顺光条件下光线方向和无人机镜头朝向一致，光线投向被摄主体正面。在顺光条件下，被摄主体的大部分区域都能得到足够的光照射，所拍摄的画面整体明亮，被摄物体不会有明显的明暗对比。顺光拍摄的照片中，所有的细节都可以被很好地辨认，但画面立体感较弱。

8.2.2 逆光

逆光的原理与顺光刚好相反，是指镜头和光线朝向不一致，光线从被摄主体的后方投射过来。在逆光情况下，被摄主体的正面不能得

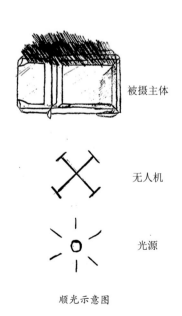

被摄主体

无人机

光源

顺光示意图

到正常的曝光，细节会变得非常模糊。逆光拍摄对拍摄者的能力要求较高，在逆光拍摄时不易控制曝光，如果画面当中出现太阳，那么光源周边容易出现高光溢出的问题，从而产生过曝，但如果控制得当，画面的感染力会比较强。逆光拍摄一般用于制造朦胧氛围、突出被摄物体轮廓。

8.2.3　侧光

侧光是指从被摄主体的侧面照射过来的光线。在侧光条件下，被摄主体上会形成明显的受光面和阴影面，面向光源的部分非常突出，背向光源的部分则被弱化，照片的立体感得到增强。侧光拍摄的画面明暗反差大，层次丰富，侧光拍摄多用于表现被摄主体的立体感。如果被摄主体的纹理非常丰富，则侧光拍摄非常合适，例如拍摄山川、沙漠等场景。

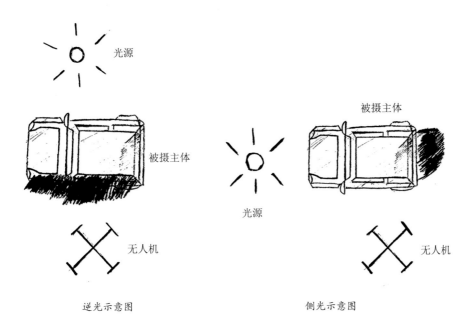

8.2.4　顶光

顶光是指从被摄主体的上方照射过来的光线。在航拍中，我们经常会拍摄一些云台垂直向下俯瞰的视角画面，此时如果是正午时刻，太阳会位于无人机和被

183

摄主体的正上方，形成顶光。顶光可以更好地突出被摄主体的轮廓和形态，使被摄主体区别于周边环境，营造一种反差感。

8.2.5 底光

运用底光拍摄较为少见，底光是指从被摄主体底部向上投射的光线，常见的底光是水平面的反射光，或是在夜间较为漆黑的环境中人为营造的灯光。底光拍摄的画面往往具有神秘感和新奇感，底光多用于航拍舞台、夜间足球场等场景，作为无投影照明光或表现地面背景造型光，特殊而有趣。

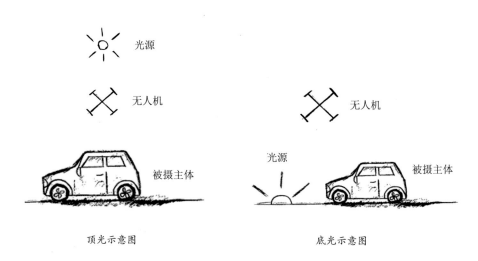

顶光示意图 　　　　　　　　　　　　　　底光示意图

8.3 航拍构图方法

构图是指拍摄者为了表现画面主题和艺术效果，通过调整无人机的拍摄角度和飞行高度使画面形成一个和谐的整体。简单来说，构图就是把所有元素合理安排在画面当中以获得最佳布局的方法。即构图是指利用人的视觉习惯，在画面中合理安排点、线、面以及明暗、色彩，表现主体和陪体之间的关系。

构图的主要目的是突出主体，增强画面的艺术效果和感染力，向观者传达创作者的情绪和思想。当你的航拍作品能清晰、简练地表达主体时，观者更容易理解作品的含义，对你的作品会更感兴趣。

　　在航拍中，有十种常见的构图方法：主体构图、前景构图、对称构图、黄金分割构图、三分线构图、对角线构图、向心式构图、曲线构图、几何构图、重复构图。下面详细介绍这十种常用构图方法的应用。

8.3.1　主体构图

　　当画面中元素过多时，杂乱的元素和多个主体会给观者带来混乱感，这时就需要构图。构图就像一把好用的剪刀，裁掉多余元素，留下核心主体。通常画面中的元素越少，主体就越突出。所以在构图时，第一个需要注意的就是元素的选取：多关注主体，去掉其他不重要的元素。

　　举个简单的例子，下图元素较多，显得画面杂乱无章，观者在观看画面的时候会因为多种元素的散乱分布而注意力分散。

画面中元素过多，会分散观者的注意力

　　此时，需要对画面进行调整，删减不必要的元素，也可以通过调整拍摄角度与构图方式突出主要元素。下页图进行了取景调整，并且镜头垂直于地面拍摄，使画面整体相较于之前更加简洁。

调整拍摄角度，删减多余的元素，画面更加简洁

8.3.2　前景构图

当对画面中的多种元素进行布局时，元素在平面和立体空间内的位置都很重要。照片中并没有真正的三维立体空间，但是我们能够通过合理安排画面的前景、中景、远景去制造纵深感，让平面的照片看起来更加立体生动。

前景对画面的主体和陪体有着很好的修饰和强化作用，并可以丰富照片的内容和层次感。在很多场景中，都可以运用前景构图。比如下页图中，蜿蜒的河流作为前景出现，这种夸大的前景会让画面中的前景与远景有一种距离感，这种距离感让画面变得更有立体感和空间感。从这个角度来看，前景的选择是很有讲究的。

186

近处的河流是
前景，远处的
山脉是中景，
天空是远景

8.3.3 对称构图

对称构图是指将画面分为左右对称或上下对称的两部分，能够表现圆满、协调之美。对称构图是最常见的，也是最不容易出错的构图方法之一。需要注意两点：（1）所谓对称构图，并非是指对称的景物完全一样，更注重的是整体对称的感觉；（2）很多画面其实同时具有左右对称和上下对称两种形式。

左右对称构图

上下对称构图 1

上下对称构图 2

8.3.4 黄金分割构图

用无人机航拍时，可以打开九宫格辅助线功能进行取景。线条的四个交点被称为黄金分割点，将被摄主体放置于黄金分割点上，会让画面显得很稳定，也能第一时间把观者的目光吸引过来。

九宫格辅助线

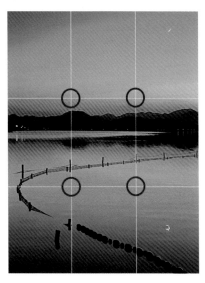

黄金分割点

下面这张照片就是采用了黄金分割构图拍摄出来的。跨海大桥的重点部分作为主体分布在画面左侧的黄金分割点附近，观者的视线会第一时间聚集在此处，然后沿着桥面向画面右侧延伸，直到大桥的另一端。

黄金分割构图

8.3.5 三分线构图

九宫格辅助线的另一个作用是辅助实现三分线构图。三分线构图，也被称为黄金分割构图的简化版，具有与黄金分割构图相似的效果，能够给观者带来舒适的观看体验。使用三分线构图时，借助九宫格辅助线将画面平分成三等份，可以在每一部分放置被摄主体。三分线构图适用于表现空间感强的画面，使画面场景鲜明、构图简练。

三分线构图可分为横向三分线构图和纵向三分线构图。下图就是采用横向三分线构图拍摄的，天空、山脉和草原在画面中的占比几乎相同，给人以舒适的观感。

横向三分线构图

下图则是采用了纵向三分线构图拍摄的，椰林、沙滩、大海作为被摄主体，完整地展现了整个海岸的风光，画面非常简洁、干净。

纵向三分线构图

8.3.6 对角线构图

对角线构图是指被摄主体位于画面的对角线上，从左上角到右下角或是从右上角到左下角布局均可，对角线构图会使画面显得更加生动、有活力，主体倾斜的角度也能增加画面整体的动感和张力。用到对角线构图的场景很多，例如跨过河流湖泊的桥梁、笔直的公路、海岸线等。

对角线构图 1

对角线构图 2

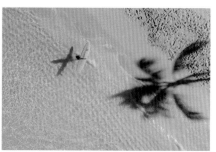

对角线构图 3

对角线构图 4

对角线构图 5

对角线构图还能衍生出一种 X 形构图，即两条对角线上都被主体元素填满，常用于拍摄公路的交叉口等场景。

X 形构图

8.3.7 向心式构图

向心式构图，是指主体位于画面的中心位置，四周的景物向中心集中的构图形式。向心式构图能将观者的视线引向主体，起到突出主体的作用。

向心式构图 1

向心式构图 2

8.3.8 曲线构图

西班牙建筑设计师高迪曾说过："自然界中没有直线的存在，直线属于人类，而曲线属于上帝。"弯曲的线条给人以感官上的美感。笔挺的树木因为有绿叶相衬才更富生机，若是孤零零的树干伫立，想必更多给人一种凄凉感而不是美感。笔直向前的马路给人单调的观感，但如果是蜿蜒的道路，在航拍的视角下就会迸发出更加自然、唯美的效果，走向多变的线条也会引导观者的视线在画面里"自由漫步"。

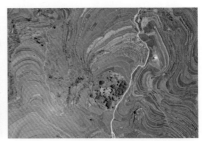

曲线构图 1

曲线构图 2

8.3.9　几何构图

几何构图是指以取景画面中具有明显几何轮廓形状的事物作为画面主体的构图方法。不同的几何形状会给人不同的观感，例如常见的圆形或椭圆形给人一种完整且稳定的观感。当一个大的圆形出现在画面中时，可以迅速吸引观者的注意力。

椭圆形构图

三角形则兼具动感和稳定感。等边三角形看起来更均衡，而等腰三角形具有更强的动感。需要注意的是，如果三角形的三边不等长，画面稳定性就会稍弱，所以在取景的时候要留心观察。

三角形构图

矩形给人稳定的感觉，但有时在画面中会显得较为呆板，不妨试一试菱形构图，它会增加画面的动感。

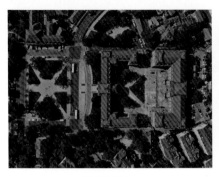

矩形构图 1

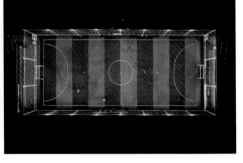

矩形构图 2

　　生活中的许多元素并不是按照固定的形状来呈现的，不规则图形在航拍中给观者极强的视觉冲击力，能够调动观者的想象力。

心形构图

T 形构图

8.3.10　重复构图

　　重复构图是指画面元素重复排列，利用大自然和人类生活中的重复现象，从中产生快意和秩序感。自然界中固有的和人工造成的重复现象很多，如海浪拍岸、建筑中重复的门窗、层层梯田等。

重复构图 1

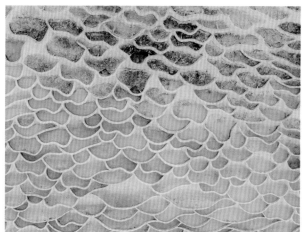

重复构图 2

重复构图 3

8.4　选择合适的航拍视角

　　无人机在空中的实际位置、镜头的角度以及镜头的焦距等因素都会对构图产生影响。普通地面摄影中，我们可以通过简单移动寻找合适的拍摄位置，调整相机与主体间的距离，并寻找合适的衬托主体的前景和背景。而在航拍中，我们是通过控制飞行器所处位置与镜头的转动，达到最佳的拍摄位置的。只有掌握了相应的飞控技术和云台相机视角调控技巧，才能真正发挥无人机全方位、多视角的拍摄优势。

　　无人机拍摄的视角可划分为俯仰视角和水平视角。俯仰视角是指无人机相机镜头对拍摄对象的视线与水平视线之间的夹角。俯仰视角一般在仰视 30 度到俯视 90 度，一般不建议大幅度仰拍，因为仰拍容易拍摄到无人机机体，使画面产生黑边。水平视角是指无人机在某一水平视线（如对拍摄对象的水平视线），经角度不等的水平旋转，从而产生不同的水平视角。

10 度仰视角拍摄的瀑布，非常壮观

45 度俯视角拍摄的风景，更加具象

90度俯视角拍摄的海岸线，更加抽象。镜头垂直于地面拍摄，犹如鸟儿俯瞰大地一般，将日常生活中常见的事物换以完全不同的方式进行呈现，得到了与以往印象中完全不同的视角，表现出一种另类美感。这个角度的拍摄一般也只能借助航拍设备完成

0 度平视角拍摄的自然景观，更接近人眼视角，但是无人机能在人眼所不能达到的高度进行拍摄

　　不同的拍摄高度对画面表现力有着较大的影响，也影响着画面的景别。高度并不决定一切，但高度影响视角。航拍并不是一味地追求大而全，在空中，可以利用无人机合理规划航线，灵活移动机动，甚至让无人机在巷道穿行，获得更精准的摄影角度。此外，请保持无人机在视距范围内飞行。

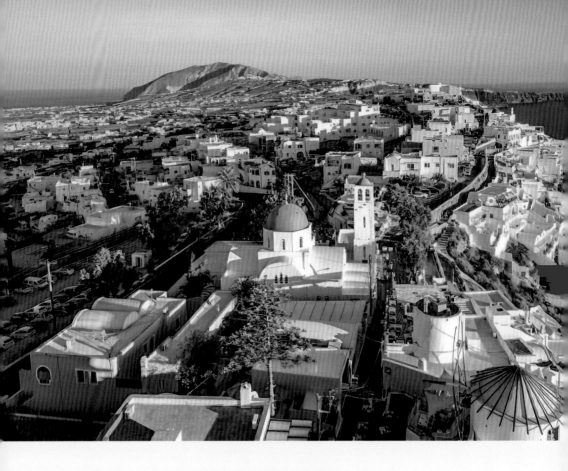

第 9 章
城市风光与自然风光实拍

　　航拍取景的两大热门类别无疑是城市风光与自然风光。本章将介绍多种不同的风景类型及航拍方法，结合前文介绍的无人机操作技巧和拍摄参数设置，教大家拍出优秀的航拍作品。

9.1　城市风光

城市风光是一种非常常见的航拍题材。在人类历史中，城市建筑不断发展变化，兼具艺术性和实用性，这些美丽的建筑与自然融为一体，让人类与自然和谐发展。航拍的城市图像，可以让更多人看到世界上那些美丽的角落。

9.1.1　地标建筑

高楼往往作为一个城市的地标建筑而存在，一说到迪拜，我们就会想到哈利法塔。地标建筑是城市的名片，所以在拍摄城市建筑时可以选取当地的地标建筑进行拍摄。

白天的哈利法塔

夜晚的哈利法塔

位于多伦多市区的加拿大国家电视塔是当地的地标建筑，在航拍视角中，电视塔与整个城市的楼房形成鲜明的高度对比，只要合理规划取景和景别就可以拍出好看的作品。

加拿大国家电视塔

　　除了高楼以外，很多城市还有特色建筑。例如北京的万里长城，无形之中也成了这座城市的独有名片。

万里长城

再比如一提到巴西里约热内卢，除了沙滩和桑巴以外，大家还会联想到这座城市著名的基督像，它伫立在山上，张开双臂仿佛在拥抱整个城市。用无人机航拍的时候，可以将雕像和城市纳入一幅画面中。

9.1.2　建筑群体

有地标建筑的城市只是一小部分，许多城市都有统一的建筑风格，在这些城市航拍时，很难找到一个突出的建筑物作为被摄主体，这时就要换一种思路，可以考虑拍摄建筑群体。例如在拍摄希腊圣托里尼的白色建筑群时，操控无人机升空后可以发现，海边的建筑都有统一的色调和风格，可

基督像

以尝试将无人机飞远，让城镇的全貌融进画面当中，取一半城镇取一半海水的景，合理安排画面布局。

圣托里尼

城镇中最著名的建筑就是圣托里尼教堂，可以将无人机飞至教堂上方，选择合适的角度和高度进行取景拍摄。

航拍圣托里尼教堂

最后可以升高无人机高度，通过垂直俯拍的方式将整个城镇拍摄进去，房屋的边界及道路的走向都会以不同于地面拍摄的角度呈现出来。

垂直俯拍的圣托里尼

9.1.3　体育场馆

　　体育场馆是城市风光中的重点拍摄题材。各大城市中有大大小小的体育馆，这些建筑非常有特色，尤其是为举办北京奥运会建立的鸟巢、水立方，以及为举办杭州亚运会建立的体育场馆。例如位于杭州市钱塘江南岸的杭州奥体中心体育场，场馆的设计理念源于钱塘江水的波动和杭州丝绸的飘逸，其因外形由 28 片大花瓣及 27 片小花瓣组成，酷似一朵盛开的莲花，因此也被大家亲切地称为"大莲花"。"大莲花"旁边还有一座"小莲花"，"小莲花"即杭州奥体中心网球中心，它也是亚运会场馆之一。在航拍体育馆时，一定要保证空域合法和飞行安全。

杭州奥体中心体育场（"大莲花"）　　　　　杭州奥体中心网球中心（"小莲花"）

　　此外，大大小小的橄榄球场、足球场、篮球场等也是航拍的好题材。很多体育场都有明艳的色彩，在城市建筑中独树一帜，在空中俯视时颇为亮眼。

橄榄球场　　　　　　　　　　　　　　　足球场

一些户外的体育项目，如划船比赛和游泳比赛是比较适合用无人机航拍的：一是因为拍摄环境相对开阔，没有禁飞限制；二是因为无人机在拍摄时不易对运动员的发挥造成影响。虽然体育项目在严格意义上并不属于城市风光，但是可以作为体育场馆的细分题材。

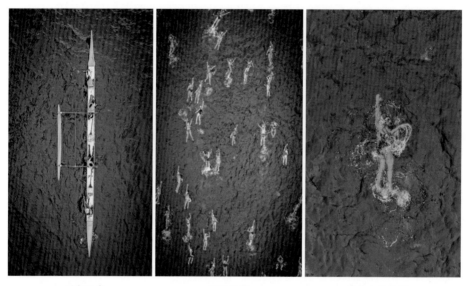

划船比赛　　　　　　　　　　游泳比赛　　　　　　　　　　游泳比赛特写

9.1.4　公共交通

城市公共交通包括公路、铁路、桥梁、机场等，其中机场是明确禁止无人机飞行的。

公共交通中最常见的当属公路，不论是高速公路、国道、县道、乡道或是田野间的小路，都是很好的拍摄题材。我们可以暂且将公路分为直线和曲线两种，直线类型的公路容易让人感觉呆板和无趣，这时可以借助路旁的风景构图，让画面显得更有活力。

借助路旁的风景构图

在特定的季节里可以利用颜色来衬托公路，使道路呈现出不同寻常的风格。例如秋季色彩缤纷的树木可以形成色彩对比，冬季下过雪的道路会给人一种纯净的感觉。现在很流行在不同季节对同一段道路进行拍摄记录，并剪在一起，呈现出四季交替的感觉，你如果有兴趣可以尝试一下。

公路两旁的树木形成色彩对比

雪景衬托出公路的纯净美

相对于直线类型的公路，弯曲的公路在画面中会显得更加生动。你可以参考前面讲过的构图方法，尝试用对角线构图或其他构图方法去拍摄，在摸索构图的过程中也可以快速提升审美水平。

对角线构图　　　　　　　　　　　　　　　　居中构图

你也可以多搜索一些航拍攻略，特意寻找那些特殊的曲线道路，例如有多个连续弯道的盘山公路。

如今，高架桥越来越多地出现在城市道路中，我们可以寻找形状具有特点的高架桥或匝道进行拍摄。下面右图中的匝道，从空中俯拍可以看到一个有趣的心形。

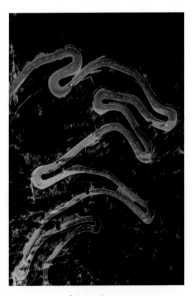

盘山公路　　　　　　　　　　　　　　　　心形匝道

下图中的立交桥，整体呈现出一个数字 8 的形状。

8 字形的立交桥

有些跨江或跨海大桥也值得拍摄，更推荐晚上去拍摄桥梁，利用大光圈、慢快门，可以得到"流动"的桥面。

"流动"的桥面

铁路也是很好的拍摄对象，在构图的时候，可以考虑使用垂直构图或消失线构图。垂直构图适合俯拍多条平行排列的铁轨，在站台或枢纽站就很容易找到多条铁轨并排的场景。如果铁轨数量较少，拍出来的画面就没那么有冲击力。消失线构图适合拍摄多条铁轨的交汇处，让观者的视线沿着铁轨汇聚到远方。拍摄时无人机的飞行高度可以低一些，尽量让靠近无人机这一侧的铁轨占满画面下边缘。

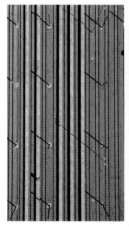 

垂直构图   消失线构图

9.1.5　反差对比

在高速发展的城市中也会保留许多古建筑，我们可以拍出古老与现代对比强烈的照片。例如，看到了一座被高楼围绕的教堂，可以将高楼作为画面的前景，拍出教堂被高楼包围的感觉，形成反差对比。

高楼与教堂形成古今对比

有反差就会有对比，城市中有很多新旧混合的楼群，利用无人机找到合适的角度将其拍摄下来，可以展现城市建筑的新旧对比。下图中的前景基本都是低矮的房屋，随着视线向远处延伸，高楼在逐渐增加，与前景中的低矮房屋形成对比。

新楼群与旧楼群形成新旧对比

9.1.6 特定天气

在某些特定的天气下，可以拍摄出具有特殊效果的照片，比如在城市上空出现平流雾时，可以操控无人机飞跃平流雾层，拍摄出"城市云海"。

平流雾笼罩的城市

9.1.7 特殊图形

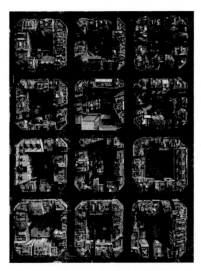

航拍巴塞罗那的建筑群

利用特殊图形拍摄是无人机航拍中较为常见的一种拍摄方法，以空中视角对目标进行拍摄，能拍出和地面视角完全不同的建筑图形，那些在地面上看起来很平常的房屋在空中俯瞰的时候却是另一种景象。例如西班牙巴塞罗那的建筑，当将无人机升至空中去俯拍整个城市的时候，展现在面前的是一个个排列整齐的几何图形。

类似的图形还有很多，在停满汽车的停车场或装卸仓库，使用无人机在空中垂直俯拍，也能拍出很有冲击力的画面。

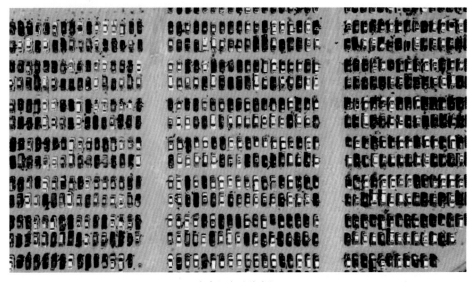

空中视角的停车场

还可以寻找其他图形，比如三角形、圆形等规则图形，又比如星形、凤凰形、树叶形、花瓣形等不规则图形，抑或是多种图形的组合。多去寻找拍摄角度，你会发现更多的构图乐趣。

俯拍三角形

俯拍箭头形

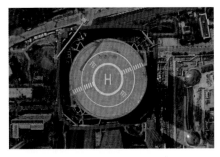

俯拍圆形

俯拍棒棒糖形

俯拍花瓣形

俯拍树叶形

俯拍组合图形

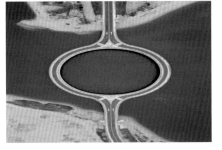

俯拍圆环形

9.2 自然风光

自然风光是很多航拍爱好者喜欢的拍摄题材。航拍爱好者以空中视角俯瞰地球，聚焦最具代表性的风景，使用无人机呈现多层次影像，立体化展示这颗美丽星球上的地形地貌、气候环境及自然生态，让观者以一个全新的角度看到美不胜收的自然景观和多样的生态环境。

9.2.1 日出日落

日出日落的时候是一天中值得拍摄的时刻，此时光线柔和，给整个环境蒙上一层美妙的色彩。这时拍摄出来的画面富有表现力，小光比能让画面呈现出更多的细节以及丰富的影调层次。

在拍摄这类题材的时候，要考虑太阳高度及光照强度对画面产生的影响。镜头正对光源的情况下，如果太阳距离地平线还有段距离或者光照强度很大，拍出来的前景会变暗，形成剪影效果，这时适合将前景作为陪体来衬托主体，只显示前景的轮廓而不突出细节，重点表现太阳和天空。

海上日出

河流上的日落

城市日落

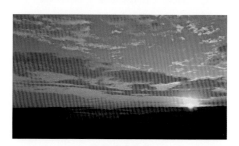

丘陵地区日出

如果想借助日出日落表现其他被摄主体的细节，可以侧光拍摄，既能保证光线均匀分布在被摄主体上，不会造成过亮和过暗的情况，也能突出日出日落的主题。例如右图中的日落景象，太阳位于云台相机镜头的侧面，镜头则对准画面的主体，也就是山谷中的村落，拍摄山谷中特有的薄雾形成的丁达尔效应，使画面产生一种柔美的感觉。还有一种方法就是在太阳刚要升起或已经落下的时候航拍被摄主体，利用柔和的光线营造氛围，从而使主体更有美感。

侧光环境下拍摄日落

9.2.2　沙滩海滨

沙滩和海边是不少人向往的度假胜地，当在海边航拍时，可以拍到哪些有趣的画面呢？

首先，拍沙滩和海水的对比色是多数人航拍的第一选择，我们可以根据海岸线的形状和走势巧妙构图，让画面既有美感也不显得呆板。

左右对比构图

上下对比构图

对角线构图

几何构图

沙滩上的人物倒影

　　其次，我们可以拍摄一些特定的主体元素。比如将人物作为主体进行拍摄，取景时将人物的倒影或在沙滩上留下的足迹纳入画面，再搭配沙滩和海浪，就能构成一幅完整的作品。也可以让人物躺在沙滩上摆出各种造型，用这种方法也能拍摄出有趣的作品。

　　再次，我们可以寻找沙滩上的遮阳伞、海边的棕榈、海岛等固定景物，通过黄金分割构图等方式进行拍摄。

人物在沙滩上摆出造型

沙滩上的遮阳伞

海岛

　　最后，如果想只体现水中的景象，还可以将游轮或冲浪的人作为被摄主体。

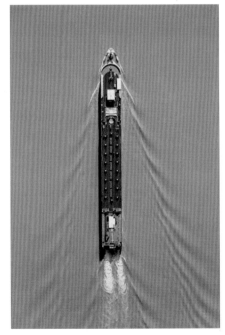

正在行驶的游轮

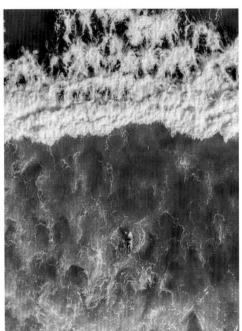

冲浪的人

9.2.3 山脉瀑布

拍摄山脉或者瀑布时，根据前面讲过的安全飞行规范和建议，要合理控制无人机距离起降点的距离和高度，尽量保障无人机图传数传信号不会中断，保证无人机位于遥控器可控范围内。取景的时候，需要根据拍摄题材进行构图，例如要拍摄的是连绵起伏的山脉，则可以使用大景别进行构图，以体现山脉的雄伟。

远景拍摄山脉

当拍摄某一座山峰的时候，则可以不断更换景别来进行取景。例如在拍摄意大利多洛米蒂山脉中著名的刀锋山时，可以拉近无人机与山峰的距离，让山峰位于画面的中央。

如果被摄主体不是山峰而是山中的湖泊或其他景物，则需要继续缩小景别，以突出被摄主体的特征。

拍摄色彩有代表性的区域时可以俯拍。例如拍摄美国加利福尼亚州死亡谷中的彩虹山时就可以俯拍。

220

近景拍摄刀锋山

山谷中的湖泊　　　　　　　　　　　　死亡谷彩虹山

　　拍摄瀑布倾泻而下的场景时，需要注意瀑布周边的环境，选择适合的景别进行拍摄。如果是开阔的环境，则适合远景；如果周边的环境杂乱，则需要尽量突出瀑布，采用中景拍摄。

远景拍摄瀑布　　　　　　　　　　　　中景拍摄瀑布

9.2.4　田野草场

在广袤的土地上，梯田是一抹亮色，使用无人机航拍这类景色时可以选择垂直俯拍或斜向下 45 度拍摄。垂直向下的角度适合拍摄纹理明显的农田，表现农田的律动感；或者拍摄具有明显边界的梯田，突出梯田的层次感。

垂直俯拍的农田 1

垂直俯拍的梯田

垂直俯拍的农田 2

垂直俯拍的草场

斜向下 45 度适合交代较为宽阔的环境，例如拍摄农田和附近的村落时，就可以斜向下 45 度拍摄。

斜向下 45 度拍摄的农田和村落

9.2.5　村落房屋

自然风光中也会存在一些村落，这些村落已然成了风景的一部分，融入了山川。

构图时有以下两种选择。一种选择是拍摄大景别，比如在较低的高度拍摄村落及其周围环境或者在较高的高度俯拍，两者都是体现整个村落的拍摄方法，适用于拍摄景色相对简单、无杂乱因素干扰的画面。

村落及其周围环境拍摄

另一种选择则是选取某一个好看的建筑或院落拍摄特写，该方法适用于拍摄元素过多的场景，避免画面过于杂乱。

单独拍摄院落

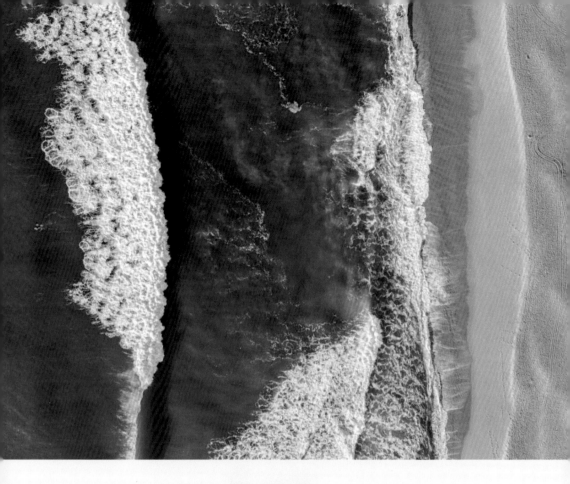

第 10 章
航拍视频后期剪辑实战

　　前面几章重点讲解了无人机的操作要点及拍摄技巧，距离成片只差最后一步了，它就是后期剪辑。本章将介绍航拍视频的后期剪辑技巧，你可以在 DJI Fly App 上进行快速的剪辑处理，也可以借助其他 App 进行视频剪辑和特效制作，还可以在计算机上借助专业软件去制作更加精美的视频。

　　这里介绍三款常用的视频剪辑软件，包括剪映 App、Pr 软件和大疆研发的 DJI Fly App。你无论使用何种设备，都能找到一款适合自己的炫酷软件，无须担心自己无法像后期大师那样剪辑出视频大片。

10.1 DJI Fly

DJI Fly App

DJI Fly 是适配大疆无人机的多功能综合软件，既可以用它来操控无人机飞行，也可以用它来剪辑拍好的视频素材。使用大疆无人机拍摄的视频可以直接在 DJI Fly App 中进行剪辑，最终做成亮眼的大片。

这里重点讲解 DJI Fly App 的视频剪辑功能，帮助你熟悉整个剪辑流程。首先打开 DJI Fly App，点击主界面左下角的"相册"。

DJI Fly App 主界面

进入相册选择界面后，可以看到"飞机图库"和"航拍素材"两个选项，这里的"航拍素材"是笔者自定义的手机相册文件夹名称，你可以在手机上更改为自己喜欢的其他名称。"飞机图库"是指连接无人机后机身内储存的素材，"航拍素材"则是拍摄并储存在手机上的航拍视频。

点击"航拍素材"下拉按钮，可以选择任意一个手机相册。选择好后可根据需求再选择"全部""照片""视频"或"收藏"，查看文件夹内指定类型的文件。

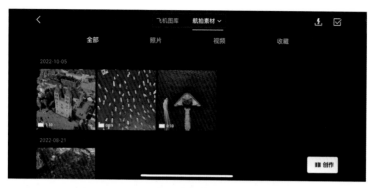

相册选择界面

　　界面右上角有两个按钮，分别是"手机快传"和"批量选择"按钮。

　　点击左侧的"手机快传"按钮，进入手机快传模式，可通过连接无人机信号或扫码连接无人机的方式进行素材快传。

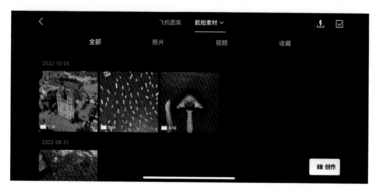

点击"手机快传"按钮

进入手机快传模式

点击右侧的"批量选择"按钮，可对素材进行批量删除或收藏。

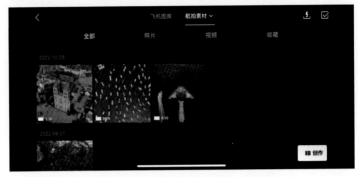

点击"批量选择"按钮

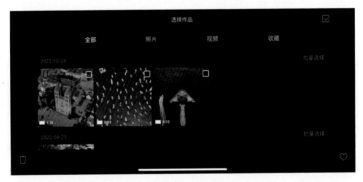

批量选择界面

点击界面右下角的"创作"按钮，进入视频创作界面后可开始对视频和照片进行处理。

点击"创作"按钮

在视频创作界面中，可以看到"模板"和"高级"两个选项。"模板"功能是指利用系统预设的模板添加素材并生成短视频。"高级"功能是指创作者导入素材，然后根据功能菜单里的功能进行调整，从而生成个性化的视频。

视频创作界面

点击界面右上角是"我的剪辑"按钮，进入我的剪辑界面后可查看保存的草稿，选择对应的素材后可继续进行剪辑。

点击"我的剪辑"按钮

我的剪辑界面

10.1.1 DJI Fly 的模板编辑功能

选择"模板"选项，在界面右侧选择一个模板，界面左侧就会显示所选模板的样式。点击"使用"即可进入该模板的素材导入界面。

模板选择界面

进入素材导入界面后，依据右上角提示的素材数量选择所需的素材。例如当前选择的模板提示导入 8 段视频素材，我们就选择适合的 8 段视频素材，然后点击"导入"按钮，就可进入模板编辑界面。

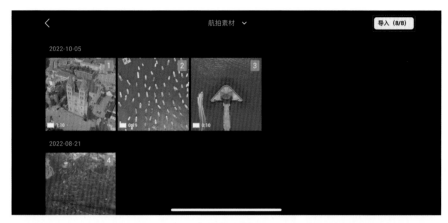

素材导入界面

在模板编辑界面中，左上角的白色箭头是"后退"图标，点击它就可以退出当前界面，退出后模板内容不会保存。右上角是"导出"按钮，作用是导出成片，导出的内容会被保存在相册中。中间部分是画面监视器，通过其可以查看素材的画面、特效、时间节点、色彩及色调等内容。

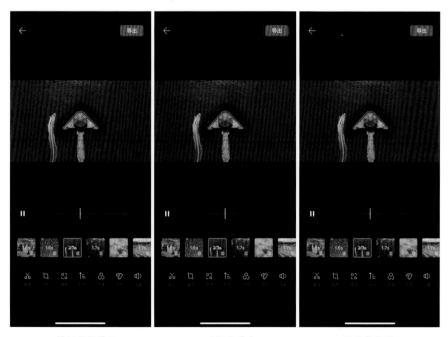

模板编辑界面   后退和导出   画面监视器

画面监视器下方是视频进度条，进度条上的白色竖线代表当前视频素材的播放进度，用手左右拖动进度条可以查看任意时间节点的视频。进度条左侧是播放与暂停切换按钮。进度条下方是素材缩略图，显示已选择的全部视频片段，缩略图上的白色数字代表该素材在模板中出现的时长，单位是秒。界面底部是功能区，有"截取""裁剪""替换""排序""滤镜""调色""音量"选项，选择其中任意选项可以对视频素材进行相应的调整。

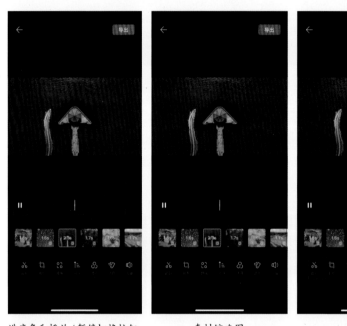

进度条和播放 / 暂停切换按钮　　　　　素材缩略图　　　　　功能区

在功能区当中，最左侧是"截取"功能。若导入的素材时长比模板的时长更长，模板会随机截取素材中的一段。如果你觉得不合适，可以手动截取适合的片段。点击"截取"进入素材截取界面，选择一个视频素材，可以看到视频素材下方会出现一个滚动栏，用手左右滑动滚动栏可以选择该视频素材的其他片段。

在滚动栏下方有一个"替换该段"按钮，如果你不需要这段视频素材，你可以点击"替换该段"按钮进行素材替换。点击该按钮后进入素材库，选择对应的文件夹，并选择需要的素材（素材右上角出现蓝色的"1"图标时代表已经选中该素材），然后点击右上角的"导入"按钮导入素材。导入完成后，再用上述方法截取素材片段，确认无误后点击界面右下角的"√"完成截取。

点击"截取"

左右滑动滚动栏，截取新片段

点击"替换该段"按钮

在素材库中选择新素材

点击"√"完成截取

功能区中的第二个功能是"裁剪"，选择该功能可以对素材画面进行适应性调整和旋转操作。点击"裁剪"进入裁剪界面，可以看到"适应画面"和"旋转"两个选项。点击"适应画面"可切换为"填满画面"，点击"旋转"可旋转画面，更改完成后点击界面右下角的"√"完成裁剪。

点击"裁剪"

"适应画面"和"旋转"

点击"√"完成裁剪

"替换"功能

"替换"功能与"截取"功能中的"替换该段"作用相同，用来更改选定素材。

"排序"功能用来调整素材在模板中出现的顺序。点击"排序"进入素材排序界面，可以看到目前的素材排列顺序，如果需要调整某个素材的位置，可把它拖到合适的位置，完成后点击界面底部的"√确认排序"按钮。

点击"排序"　　　　拖动素材，点击"√确认排序"按钮

"滤镜"功能用来给素材添加滤镜，使视频呈现别样的风格。点击"滤镜"进入滤镜选择界面，可以看到"原片""默认""质感""胶片""美食""电影""人像""黑白"这几个选项，每个类别下还细分了多种滤镜，根据需求自行选择即可。

点击"滤镜"　　　　滤镜选择界面

选择一个你认为合适的滤镜后，画面就会显示对应的滤镜效果。以反差较大的"摩登时代"为例，滤镜下方会出现一个横向的红色进度条，左右拖动进度条上的白色圆点，可以调整滤镜的浓淡，调整好以后点击界面右下角的"√"完成滤镜添加。

选择"摩登时代"滤镜　　拖动进度条上的白色圆点　　点击"√"完成滤镜添加
　　　　　　　　　　　　调整滤镜浓淡

点击"调色"　　　　　素材调色界面

　　"调色"功能用来对画面的多种参数进行调整，以获得理想的画面效果。这里建议在调色完成后再考虑是否添加滤镜。点击"调色"进入素材调色界面，可以看到"亮度""对比度""饱和度""色温""暗角""锐度"选项。

　　选择"亮度"，左右拖动进度条上的白色圆点可以调节画面的明暗度。其余选项也是同样的道理，依次调节即可。

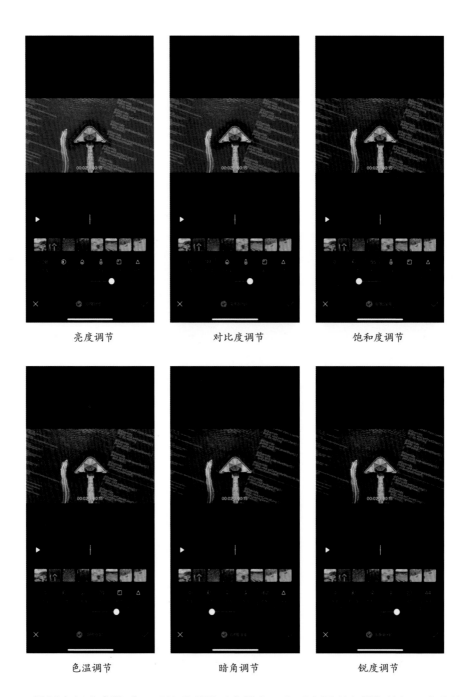

亮度调节　　　　　　　　对比度调节　　　　　　　　饱和度调节

色温调节　　　　　　　　暗角调节　　　　　　　　　锐度调节

设置完相应参数后，可以看到界面底部有一个"应用到全部"按钮，点击该按钮后选择"应用到全局"选项，可将设置好的参数应用到所有片段中。

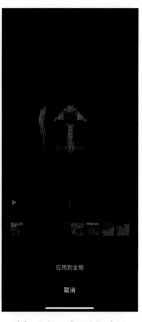

功能区中最右侧是"音量"功能。点击"音量"进入音量调整界面，可对视频素材的音量进行调节，完成后点击界面右下角的"√"。完成所有功能对应的调整后，点击界面右上角的"导出"按钮，即可得到完整的视频文件。

点击"应用到全部"按钮　　　选择"应用到全局"选项

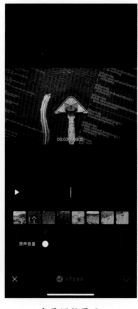
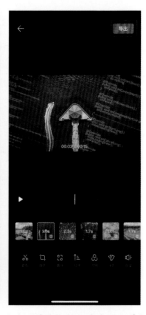

点击"音量"　　　　音量调整界面　　　　点击"导出"按钮完成视频剪辑

10.1.2　DJI Fly 的高级编辑功能

了解 DJI Fly 的模板编辑功能以后，再来看看高级编辑功能。如果你现在有空闲，可以尝试跟着下面的教学指导剪辑一条视频，制作属于自己的 Vlog（视频网络日志）。

打开 DJI Fly App，在创作界面中选择"高级"选项，进入素材导入界面。

选择"高级"选项

在素材导入界面中，选择一段预先准备好的航拍素材，然后点击界面右上角的"导入"按钮。和模板编辑功能不同的是，这里仅能导入和编辑一段视频素材，而无法导入多个视频素材。

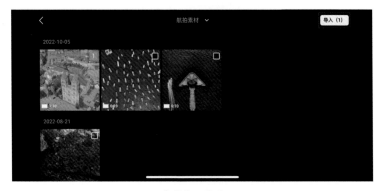

素材导入界面

导入素材后，就可以看到编辑界面了。高级编辑界面和模板编辑界面较为类似，不同的是因为只导入了一段视频素材，所以监视器下方的素材缩略图变成了视频时间轴。视频时间轴的作用相当于模板编辑界面里的视频进度条，拖动时间轴即可直接查看任意时间节点的视频画面。此外，功能区的内容也有一些变动，这里的功能区共有五大功能，分别是"剪辑""音乐""滤镜""字幕""贴纸"。

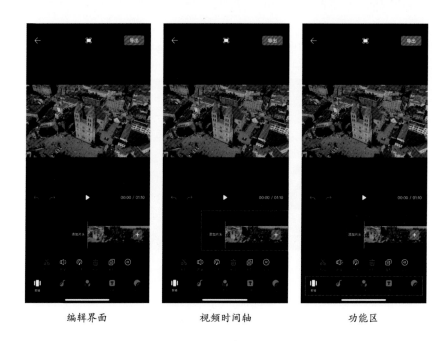

编辑界面	视频时间轴	功能区

先来看"剪辑"功能。点击"剪辑"，进入剪辑功能区，可以看到"剪切""音量""变速""删除""复制""倒放"六个子功能。

当将视频时间轴竖线移动至视频素材的任意位置时，点击"剪切"可以将素材切分成两段，该功能在裁剪分镜时常用。将素材剪切以后，其中一个素材片段有红色边框，这代表接下来的编辑只对该素材片段起作用；而另一个没有红色边框的素材片段则保持不变，接下来的编辑对它不起作用。

一段视频可以被多次剪切成若干个片段。剪切点所在的位置会出现一条白色竖线和一个白色圆角矩形图标，它们分别是切分线和"转场效果"按钮。点击"转场效果"按钮进入转场效果选择界面，这里提供了多种转场特效，根据视频风格自行选择即可，完成后点击"√"让转场特效生效。这里要提醒一点，不要频繁地使用转场特效，以及不要频繁地增加多种不同类型的转场效果，否则整段视频看起来会十分杂乱。

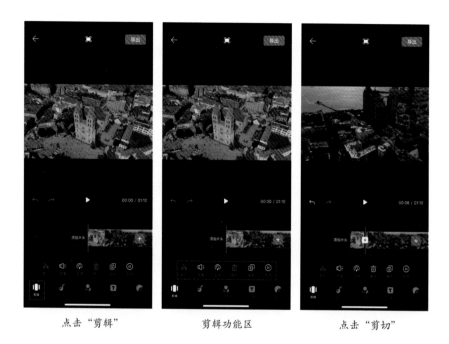

点击"剪辑"　　　　　　　剪辑功能区　　　　　　　点击"剪切"

　　"音量""变速""删除"功能不用多说。选择"复制"功能可以复制一段选中的视频素材，点击"复制"后可以在视频时间轴上看到两段相同的素材。

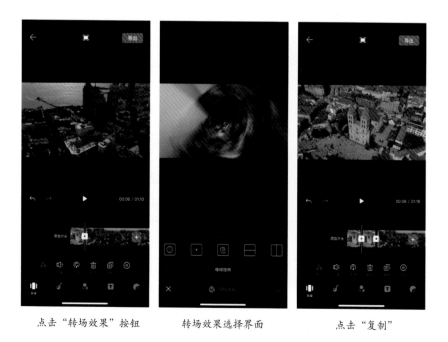

点击"转场效果"按钮　　　　转场效果选择界面　　　　　点击"复制"

选择"倒放"功能可以让视频倒序播放，点击"倒放"后选定的视频素材将自动倒放，完成倒放后可以看到时间轴上的该段素材发生了变化，视频播放顺序反过来了。

点击"倒放"

自动倒放界面

完成倒放后的界面

下面来看音乐功能区都有哪些子功能。点击"音乐"，可以看到六个子功能。视频时间轴的下方出现了音频轴，音频轴展示了音乐的节奏起伏以及和视频的对应关系，它能够帮助我们更好地进行音乐剪辑。

音乐功能区

音频轴

先给视频添加背景音乐。点击"添加"或点击空白的音频轴，进入音乐库，可以看到系统根据音乐类型进行了分类，你可以在这里面选择适合自己视频风格的音乐，点击"使用"即可完成添加。此时音频轴上会出现已添加音乐的信息，原本灰色的子功能图标现在变成了白色的，这说明可以对该音乐进行编辑了。

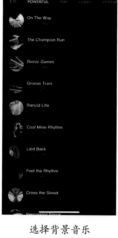

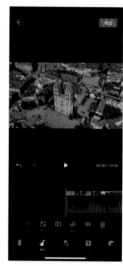

点击"添加"或空白的音频轴　　　　选择背景音乐　　　　音频轴上出现信息

　　选择"替换"功能可以更换选中的音乐。选择"截选"功能可以截取音乐。比如有些音乐前奏很长，我们需要直接在视频的开头使用音乐的高潮部分，就可以使用"截选"功能。

"替换"和"截选"功能　　　　音乐替换界面　　　　音乐截选界面

使用"音量"功能可以设置音乐的音量大小以及音乐入场出场时的声音效果。"淡入"和"淡出"适合用在视频的开头和结尾处，你可以选择开启或关闭。设置完成后点击界面右下角的"√"即可。

使用"节拍"功能可以在音频轴上标记节拍，此功能适用于有卡点特效的视频。"节拍"功能分为手动踩点和自动踩点两种。红色击鼓图标代表"手动踩点"，将音频轴上的白色竖线拖动至需要标记的位置，点击"手

点击"音量"　　　　音量功能界面

动踩点"图标即可标记节拍。当然，你也可以点击"一键踩点"，让系统自动识别节拍位置并进行标记，完成后点击"√"即可。

点击"节拍"　　　　　　手动踩点　　　　　　自动踩点

"滤镜"功能包括"滤镜""调色""美颜"三个子功能，你可以根据自身需求选择滤镜和设置调色参数。其中，"美颜"功能仅针对人物面部和身材进行调整。

使用"字幕"功能可以在视频中添加文字，以丰富画面内容，起到美化、引导和提示的作用。点击"字幕"，再点击"添加"进入文字编辑界面，可以看到文本框和键盘，在这里键入和编辑文字，视频监视器中会同步出现文字内容。

点击"滤镜"

"滤镜"功能

"调色"功能

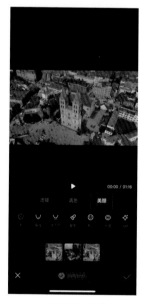

"美颜"功能

编辑好文字后，还能修改文字的样式、字体和位置。选择"样式"，可以选择文本样式。选择"字体"，可以选择不同的字体和颜色等。选择"位置"，可按九宫格分布的方式选择字幕所在的位置，还可以手动拖动视频监视器中的文本框以改变字幕的位置。

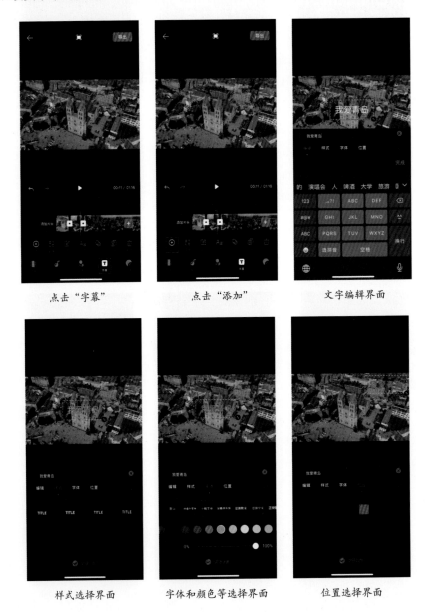

点击"字幕"　　　　　　点击"添加"　　　　　　文字编辑界面

样式选择界面　　　字体和颜色等选择界面　　　位置选择界面

编辑完文字后回到视频编辑界面，可以看到多了一条字幕时间轴，拖动字幕时间轴两端的白色边框可以调整字幕的显示时长。使用"动画"子功能可以给字幕添加动画效果。"复制"和"删除"子功能非常简单，不过多介绍。

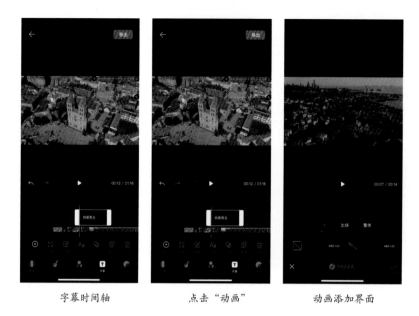

字幕时间轴　　　　　点击"动画"　　　　　动画添加界面

　　最后介绍"贴纸"功能。点击"贴纸"，再点击"添加"进入贴纸选择界面，可以看到有多种预设的贴纸可供选择，你可以根据自己的喜好和视频风格选择合适的贴纸。

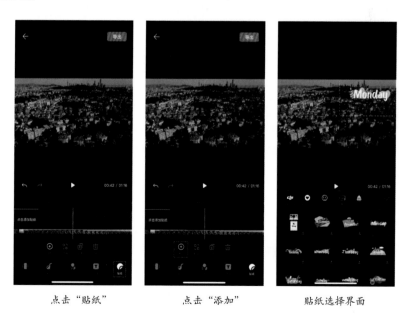

点击"贴纸"　　　　　点击"添加"　　　　　贴纸选择界面

247

选择合适的贴纸后，编辑界面会出现一条贴纸时间轴，拖动贴纸时间轴两端的白色边框可以调整贴纸的显示时长。当贴纸时间轴和字幕时间轴重合时，意味着贴纸和字幕会同时出现在视频画面中。

贴纸时间轴　　　　　　　贴纸和字幕时间轴重合

10.2　剪映

剪映

剪映作为目前国内知名度较高且使用频率也很高的手机视频剪辑 App，带有全面的剪辑功能，支持变速和倒放，有多样滤镜和转场效果，支持添加字幕和贴纸，有丰富的曲库资源，非常适合用来剪辑航拍素材。因为在手机上操作，相较于在计算机上使用剪辑软件操作要方便很多。剪映和抖音都属于字节跳动旗下的产品，两者之间有非常高的兼容性和联系性，你可以在剪映上绑定抖音账号以便将通过剪映做好的视频上传至抖音。本节主要介绍使用剪映 App 剪辑航拍视频的流程。

10.2.1　导入视频

打开剪映 App，首先映入眼帘的是剪映的主界面。点击"开始创作"，即可进入素材添加界面，你可以在手机相册中选择需要的视频素材，把它添加到剪辑项目里。可以添加一段或多段视频素材。

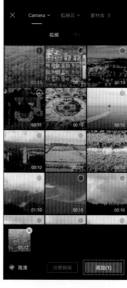

点击"开始创作"　　　　　选择视频素材　　　　　素材添加完成

10.2.2　去除视频背景音

　　航拍视频中有时会出现些许杂音，这些杂音不但会影响观者的观看体验，还会对剪辑过程造成干扰，所以需要去除视频中的背景声音，以方便后面添加背景音乐。

　　进入视频编辑界面之后，点击视频轴左侧的"关闭原声"，即可去除视频中的背景声音。

10.2.3　分割视频和变速

　　在一段长视频中，用户可能只需要截取其中的几秒，这时需要对视频进行分割，然后将多余的部分删除。

点击"关闭原声"　　　　　原声已关闭

选中一段视频素材，将时间轴竖线定位在需要分割的位置，然后点击底部工具栏中的"分割"，即可将选中的视频素材分割成两段。

选中需要删除的某个片段，点击底部工具栏中的"删除"，即可将该片段删除。

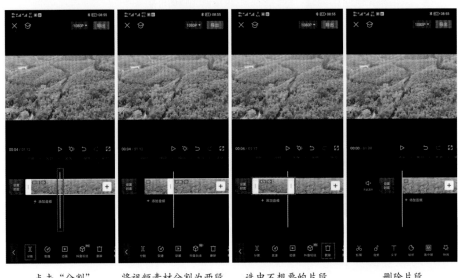

点击"分割"　　将视频素材分割为两段　　选中不想要的片段，　　删除片段
　　　　　　　　　　　　　　　　　　　点击"删除"

如果有多段想要剪切的画面，可以重复上述分割和删除的操作，直到只保留想要的片段。

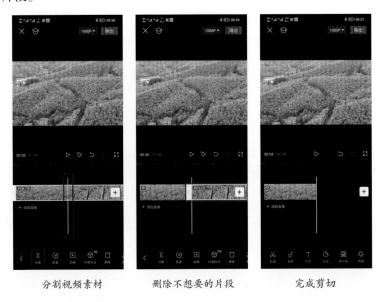

分割视频素材　　　　删除不想要的片段　　　　完成剪切

250

有时用户也需要用到"变速"功能，变速就是对视频进行加速或慢速处理，制作快进或慢放效果。选中一段视频素材，点击底部工具栏中的"变速"，进入变速编辑界面，可以看到"常规变速"和"曲线变速"。点击"常规变速"，即可进入常规变速界面，拖动变速滑块可以更改视频的播放速度，点击"√"即可完成常规变速的调整。

　　调整好视频的播放速度之后，点击"<<"，即可返回视频编辑界面。

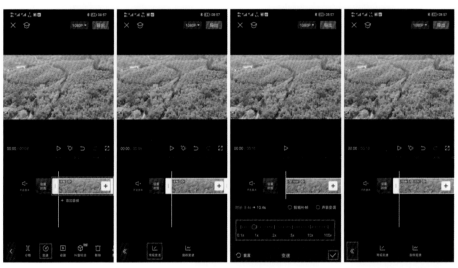

| 选中视频素材并点击 | 点击"常规变速" | 完成常规变速调整 | 点击"<<"，返回 |
| "变速" | | | 视频编辑界面 |

10.2.4　添加滤镜

　　剪映 App 为用户提供了多种风格的视频滤镜，添加滤镜可以快速制作出个性十足的视频。下面介绍为视频添加滤镜的方法。

　　选中一段视频素材，点击底部工具栏中的"滤镜"，进入滤镜选择界面，这里有多种滤镜可供选择，挑选一个合适的滤镜，滑动效果滑块调整滤镜的调色程度，点击界面右下角的"√"即可完成滤镜添加。

选中视频素材并点击"滤镜"

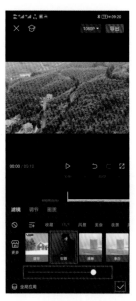
添加滤镜

10.2.5 调节色彩与影调

选中视频素材并点击"调节"

调节视频参数

如果你对套用滤镜的效果不满意，还可以通过调整视频中的各项参数达到理想的效果。无人机拍摄的视频大多色彩过于黯淡，此时只要调整视频的色彩与影调就可以让视频更加符合要求。下面介绍调节视频色彩与影调的方法。

选择一段视频素材，点击底部工具栏中的"调节"，进入视频参数调节界面，在这里你可以根据自身需求调节各项参数。调整完毕后，点击右下角的"√"即可完成视频色彩与影调调节。

10.2.6   添加字幕

文字在视频中可以起到画龙点睛的作用，可以很好地传达拍摄者的思想，同时可以装饰视频。下面介绍在视频中添加字幕的步骤。

回到视频编辑界面，点击底部工具栏中的"文字"，进入文本编辑界面，点击"新建文本"，在文本框中输入文字。

点击"文字"

点击"新建文本"   输入文本

拖动文本框可以改变其位置，按住文本框右下角可以缩放文字。在这里还可以修改文字的字体、样式、花字效果和出入场动画等，完成后点击"√"即可。此时视频编辑界面会出现一条字幕轨道。

设置文字的花字效果

字幕轨道

253

10.2.7 增加转场

转场是指两段视频素材之间的过渡效果，搭配了合适转场的视频看起来令人非常舒服，同时能够牢牢抓住观者的视线。

点击两段视频素材之间的"转场"按钮，进入转场编辑界面，选择一种合适的转场，滑动滑块可以调整转场的持续时长，完成后点击界面右下角的"√"即可。

点击"转场"按钮　　　　　　选择转场　　　　　　完成转场添加

10.2.8 添加背景音乐

音频与视频相辅相成，彼此衬托。在后期处理中，音频处理显得尤为重要，如果音乐运用得好，会给人全新的感觉。下面介绍为视频添加背景音乐的步骤。

选中一段视频素材，点击底部工具栏中的"音频"，进入音频编辑界面，再点击"音乐"，进入音乐选择界面。拖动进度条可以试听音乐，选择一首与视频风格相符的背景音乐，点击音乐素材右侧的"使用"按钮，将音乐添加到剪辑项目里。

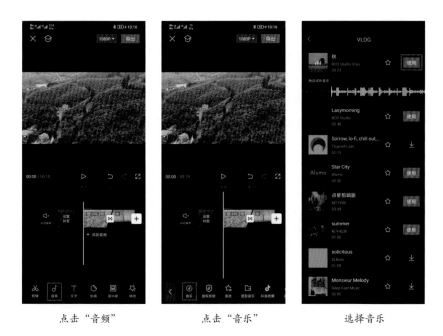

点击"音频"　　　　　　点击"音乐"　　　　　　选择音乐

　　添加的音乐时长通常会和视频时长不同，因此还要拖动音频轴，修改音乐时长。

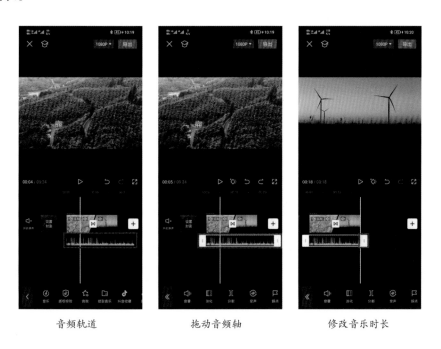

音频轨道　　　　　　拖动音频轴　　　　　　修改音乐时长

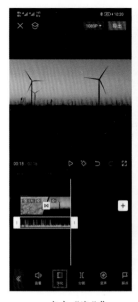

为了让音乐不那么突兀地响起和消失，可以设置音乐的淡入和淡出效果。选中音频素材，点击底部工具栏中的"淡化"，设置淡入和淡出的效果和时长，完成后点击"√"即可。

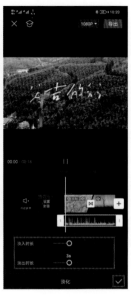

点击"淡化"　　　　　　设置淡化效果

10.2.9　一键导出视频

经过一系列的处理后，最后该输出成片了。剪映 App 输出的视频会保存到手机相册中，同时可以分享到各个社交平台。

在视频编辑界面中，点击右上角的"导出"按钮，即可一键导出视频。预览窗口会显示当前的导出进度信息，等待一段时间即可完成视频导出。导出的视频还可以一键分享到社交平台。

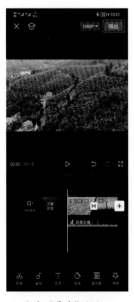  

点击"导出"按钮　　　　　　导出进度界面　　　　　　完成视频导出

10.3　Adobe Premiere Pro

Adobe Premiere Pro，简称 Pr，是一款适用于计算机的视频剪辑软件。Adobe 公司的软件系统十分强大，PS、LR、AI 等都是 Adobe 公司研发的产品。Pr 是视频编辑爱好者和专业人士必不可少的视频编辑工具，提供了采集、剪辑、调色、美化视频、添加字幕、输出、DVD 刻录等一整套流程，可以帮助用户产出电影级别的视频画面。Pr 具有易学、高效、精确的特点，它可以提升你的创作能力和创作自由度，能够满足你创作高质量作品的要求。本节将以 Mac 系统的 Pr 为例，介绍一套完整的剪辑流程，帮助用户熟练掌握视频剪辑的核心技巧。

Adobe Premiere Pro

10.3.1　导入素材

在处理视频之前，首先要将视频素材导入 Pr。下面介绍将素材导入轨道中的步骤。

首先，在计算机中找到 Pr 图标并点击打开。进入软件后，需要新建一个项目文件，在界面左上角找到"新建项目"并点击，进入新建项目界面。

新建项目

新建项目界面中有多个分区，顶端的"项目名"和"项目位置"是修改输出的项目名称和输出的项目位置的地方，你可以根据自己的偏好设定名称和位置。

新建项目界面

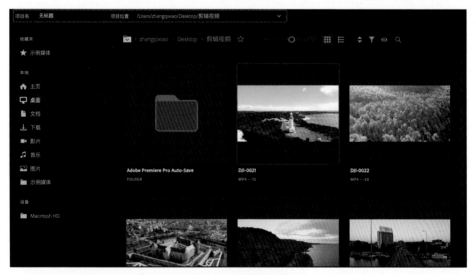

"项目名"及"项目位置"

　　在界面左侧的"本地"菜单栏中找到要剪辑的视频素材。笔者的素材的一半保存在桌面上，所以这里笔者选择的是"桌面"选项。在界面中间的缩略图区域内选择一个或多个需要剪辑的视频素材（指针移动至缩略图上会出现一个正方形的复选框，单击后即可选中该视频）。完成视频素材的选择后，单击界面右下角的"创建"按钮完成项目创建。

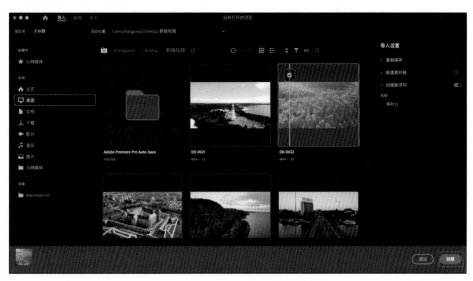

选择视频素材并完成项目创建

将视频导入项目面板中，即可进入编辑界面。

编辑界面

10.3.2　熟悉编辑界面功能

在编辑界面中，我们可以看到 Premiere Pro 将操作的功能进行了整合，划分了几个大的功能区域。界面的布局可根据个人习惯进行调整。

常规界面的上端是节目模块，又称监视器模块，主要用于查看视频素材画面。

节目模块

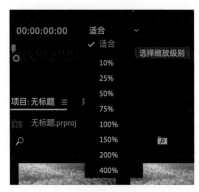

调整缩放级别

节目模块左下角有一个"适合"下拉列表框，在这里可以控制画面在节目模块中的尺寸，默认为"适合"选项。如有需要可以根据节目模块在整个编辑界面中的占比来进行调整。

编辑界面左下角区域为项目素材显示区，这里显示的是该项目中已经导入的素材以及素材的源文件。

选择项目素材显示区旁边的"媒体浏览器"功能可以预览计算机中的其他素材。单击"媒体浏览器"并根据文件夹内容找到需要补充的素材，选中素材后根据菜单栏提示选择"导入"选项，即可将新素材导入项目中。

项目素材显示区

导入新素材

编辑界面的右下区域有一个带刻度尺和时间轴的区域，这里是轨道区域。其中紫色的部分是视频轴，时间轴上显示了视频时长，"V1""V2"等表示不同的视频轴。多个视频素材可以放置在同一视频轴内，也可以放置在不同视频轴内。

轨道区域

10.3.3　去除视频背景音

只有去除了视频背景音，才方便为视频重新配乐。下面介绍去除视频背景音的步骤。

在导入了一段带有背景音的视频素材后，可以看到 A1 轴上有一条绿色的轨道，它便是音频轴，也就是视频背景音。

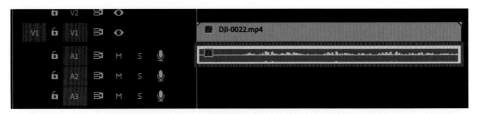

视频背景音

双击音频轴即可弹出菜单，选择"清除"选项，即可删除视频背景音。

选择"清除"选项

完成背景音清除

10.3.4　剪辑视频

在 Premiere Pro 软件中，利用"剃刀工具"可以方便快捷地裁剪视频，然后将不需要的片段删除。下面讲解将视频切割为几个片段的步骤。

剃刀工具

在工具面板中选择"剃刀工具"，或按 C 键。

选中"剃刀工具"后，将指针移动至视频素材需要裁剪的位置，此时指针变成剃刀形状，单击即可将视频素材切割成两段，切割后视频轴上会出现一条黑色竖线，这表示在此位置裁剪了视频。如果有多个需要裁剪的地方，可以用同样的方法对视频素材进行多次切割。

如果需要删除某个视频片段，可以选中"选择工具"或按 A 键切换鼠标指令模式，然后双

用"剃刀工具"裁剪视频

击需要删除的片段，在弹出的菜单中选择"清除"选项或按 Delete 键即可完成删除。

选中"选择工具"

选择"清除"选项

如果要将两段不连贯的视频剪在一起，则需要选中要移动的视频片段向左拖动，直至其与前一段视频贴合。

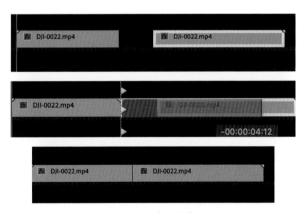

拖动视频片段使其贴合其他视频

10.3.5　调节画面色彩和色调

在 Premiere Pro 软件中剪辑视频时，往往需要对画面的色彩和色调进行调整。

如果你觉得原片较暗，整体有种灰蒙蒙的感觉，对画面的色彩、对比度、亮度不是很满意，就需要调整色彩和色调。下面按步骤讲解如何调整色彩和色调。

在视频轴中选择需要调整色彩和色调的视频素材。

单击界面右上角的"工作区"图标，选择"颜色"选项，即可在编辑界面打开颜色调整面板。

选择视频素材

选择"颜色"选项

颜色调整面板

在颜色调整面板中找到"基本校正"选项并单击，即可看到校正调参选项，包括"色温""色彩""饱和度"等。

下面以色温为例介绍操作。向左滑动"色温"滑块，画面偏冷（蓝）；向右滑动"色温"滑块，画面则会偏暖（黄）。

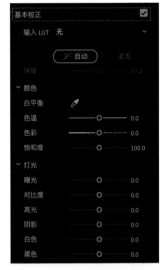

基本校正面板

冷色调

暖色调

除基本校正外，还有创意、曲线、HSL 辅助、色轮和匹配、晕影等多个面板，它们都可用于调整画面的色彩和色调。

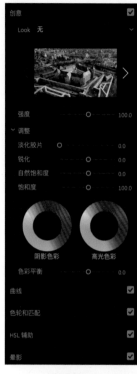

创意面板

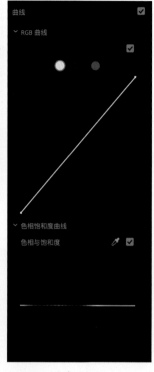

曲线面板

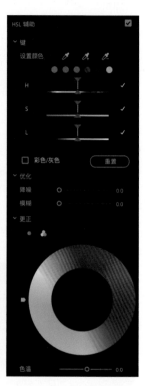

HSL 辅助面板

色轮和匹配面板

晕影面板

10.3.6　添加字幕

在剪辑视频的过程中，往往需要添加文本（字幕），字幕起到介绍视频内容和丰富画面的作用。

在界面顶部的菜单栏中选择"序列"选项，在弹出的菜单中依次选择"字幕""添加新字幕轨道"选项，即可完成字幕轨道添加。添加完字幕轨道后，再次选择"序列"选项，在弹出的菜单中依次选择"字幕""在播放指示器处添加字幕"选项，即可完成字幕添加。

添加字幕轨道

添加字幕

添加完字幕后，视频轴区域新增了一条黄色的轨道，这就是字幕轴。

双击新添加的字幕轴，弹出字幕编辑面板，在字幕编辑面板中双击文字即可进入文字编辑模式，对文字内容进行编辑。

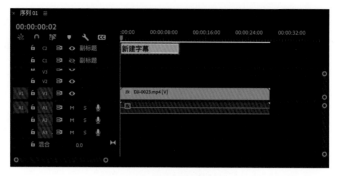

完成字幕添加

字幕编辑面板

文字编辑完成后,视频监视器中会同步出现编辑好的字幕。

视频监视器中同步出现字幕

在编辑界面的右侧还可以选择文本的字体，以及字号、外观、颜色等。

文字编辑界面

10.3.7 添加背景音乐

音频与视频具有相同的地位，音频的好坏将直接影响视频的质量。下面介绍为视频添加背景音乐的步骤。

将音频文件导入项目面板中，拖动音频文件至 A1 轴上，即可完成音频导入。

导入项目面板后的音频文件

拖动至音频轴上的音频文件

音频的时长稍微长于视频的时长，此时可以把指针放在音频轴的末端，当指针变成红色箭头时，按住左键并向左拖动音频轴的最右端，直至音频轴长度和视频轴长度一致。

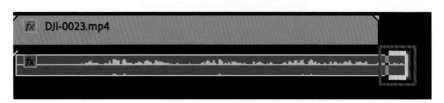

拖动音频轴

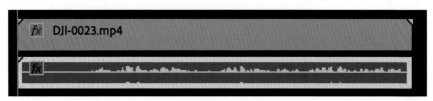

改变音频的时长

10.3.8 输出与渲染视频

用户完成一段视频的编辑并对视频内容感到满意后，可以将成片以多种不同的格式进行输出。在导出视频时，用户需要对视频的文件名、输出位置、预设、格式等进行设置。下面介绍输出与渲染视频的方法。

首先，在主界面的左上角选择"导出"选项，进入导出界面。

选择"导出"选项

进入导出界面后，可以看到多个设置面板，逐一对设置面板里的内容进行检查并修改即可。

导出界面

核对完信息后，单击界面右下角的"导出"按钮，导出完成后会弹出信息提示框，显示视频导出进度，此时只要等待完成即可。导出完成后，还会弹出视频已成功导出的提示框。

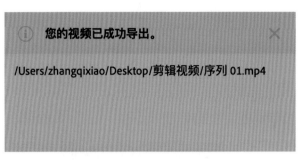

您的视频已成功导出。

/Users/zhangqixiao/Desktop/剪辑视频/序列 01.mp4

视频已成功导出

　　到这里，关于航拍的内容就已经讲完了，希望读者能够根据书中的内容反复练习无人机的飞行技巧、拍摄技巧以及航拍视频的剪辑技巧。只有勤于练习，才能快速进步。祝大家早日达到理想的航拍水平，创作出优秀的航拍作品。